穿越时空的碰撞

主编 曹外香

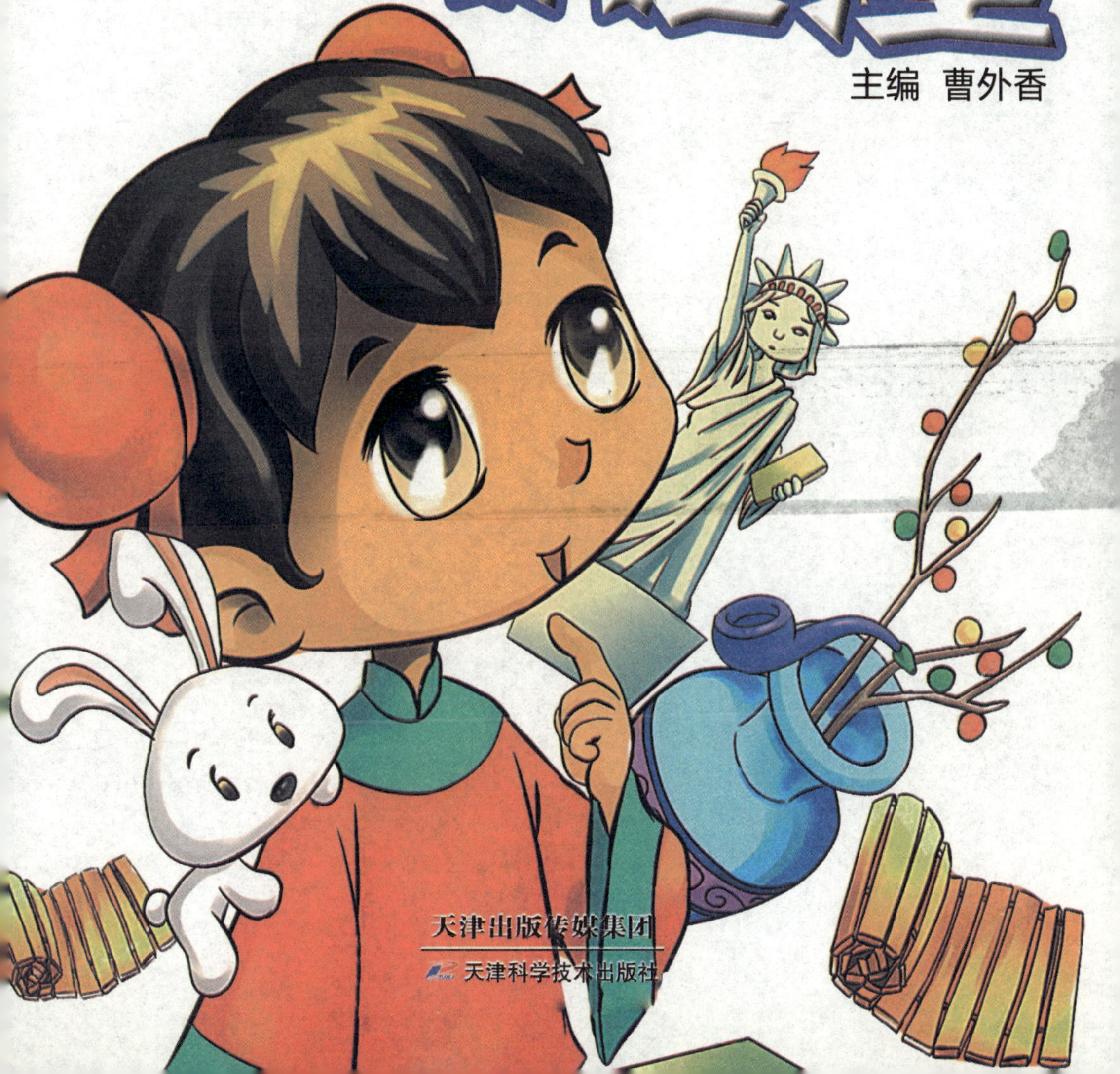

天津出版传媒集团

天津科学技术出版社

人的一生很漫长，但最关键的只有那么几步，中学阶段正是你成长的重要时期。作为一个中学生的你是什么样子的？你是不是喜欢嬉戏玩耍而害怕受拘束和禁锢？你是不是喜欢自己动手实验，而不喜欢埋首于枯燥的课本当中？你是不是喜欢天马行空的想象，而不喜欢大人给的条条框框？

是的，你一定是这样的学生。你一定像爱迪生一样爱思考；你一定像达尔文那样充满想象力；像司马光那样聪明机智；拥有毕加索那样的艺术天赋……其实，每一个学生都是天才，只是，在成长的过程中，这些才能没有被激发出来而已。

《穿越时空的碰撞》会带你穿越时空，去和古人交流思想。书中精选了流传几千年，经过无数先辈验证的经典名言，并配以通俗明白的解释以及今人践行这些至理名言的事例，让你在古今的碰撞中成长。这里的每一个字、每一句话都不同凡响，都可以作为你人生旅途的风向标，为你今后的人生之路做好铺垫。

目录

CHAPTER 1 进取学习——每天进步一点点

CHAPTER 2 做事之道——有所为，有所不为

CHAPTER 3 待人接物——成为最受欢迎的人

CHAPTER 4 趣味哲理——道亦道，非常道

进取学习

每天进步一点点

你是否听到韩愈老先生在从容地讲“业精于勤，荒于嬉；行成于思，毁于随”？你是否听到孟老夫子在提醒你“尽信书，不如无书”？今天，这些先贤哲人穿越时空一起来到我们面前，把他们一生最最精华的部分传授给我们。遵循他们的至理名言，一分耕耘，一分收获，日久天长，你会发现原来那个幼稚天真的小小玩童已变成了一个博学的人。

Avatar

淘乐斯变身公仔

天行健，君子以自强不息。

天行健，君子以自强不息。地势坤，君子以厚德载物。

——《周易》

今知

君子应该像天宇一样运行不息，即使遇到重重阻挠，也不屈不挠。弱者遇到不如意时，会自暴自弃。而成功的人却相信，无论人生遭际如何，无论事情顺逆，只要希望不死，只要斗志不减，就可以通过自己的行动进行改善，并过上自己想过的生活。

智慧 麦子的灵魂

有一天，上帝决定到人间去看看，他已经50年没有下凡了，猜想不会有人认出他。他来到了一片麦田，看到这里的收成很是不好。突然一个农夫发现了他，“万能的上帝啊，我们有50年没见到你了，求你赐给我一年的风调雨顺，好让我来年有个好收成吧！”农夫拜倒在上帝脚下恳求说。上帝看着眼前的麦地和诚恳的农夫答应了他的要求。

上帝履行了他的诺言，在第二年赐给了这片麦田最好的生长条件，既没有暴风骤雨，也没有蝗虫侵袭，麦子都茁壮地成长着，农夫脸上乐开了花。收割的季节到了，农夫拿着工具准备大干一场，可他发现在茁壮的麦子里却没有一颗颗粒，顿时茫然了。他再一次千方百计地找到上帝，“万能的上帝啊，你赐给了我风调雨顺，但我的麦子里为什么没有颗粒呢？”上帝笑了笑，说：“我能给予你的只有这些，麦子的颗粒就如它的灵魂，没有经过与暴风骤雨和蝗虫的斗争他就不可能真正的成长和成熟啊！”

业精于勤，荒于嬉；行成于思，毁于随。

——韩愈《进学解》

今知

学业由于勤奋而精通，因为贪玩而荒废；修养由于独立思考而成功，因为人云亦云而失败。所以我们学习不能三天打鱼两天晒网，要始终如一的勤奋才能学有所成。

智慧 爱好文学的巴尔扎克

巴尔扎克小时候很爱好文学，父亲却硬要他学习法律。他就是不服从父亲的旨意，父子之间常为此事发生冲突。

一天，父亲再也按捺不住气愤，质问巴尔扎克："我让你学习法律，你为什么要学习文学？"

"爸爸，您知道，我对法律是毫无兴趣的。"巴尔扎克非常亲切地对父亲说。

“毫无兴趣！”父亲暴怒地快要跳起来，“你有兴趣的是什么？是文学！搞文学谈何容易，我看你根本不是搞文学的料！”

“那不一定！”巴尔扎克摇摇头，非常自信地说，“一个人的成功，往往取决于他的信心和努力。”

“信心和努力？那好，从今天起，给你两年的期限，搞不成，就得学习法律，你敢答应吗？”

“敢！”巴尔扎克斩钉截铁地回答。

一段时间的写作实践，使巴尔扎克感到自己的知识和经验都很浅薄。于是，他拼命阅读世界文学名著，广泛地接触社会和了解人生。他天天出入于图书馆和书店，总是来得最早，离开最晚。有一次，他在图书馆里翻阅资料，边看边记，忘记了时间的早晚。图书馆的人员下班了，也忘记告诉巴尔扎克一声。第二天早晨，图书馆的人员来上班了，发现巴尔扎克还在边看边记。为了读书和写作，巴尔扎克真到了废寝忘食的地步。

不积跬步，无以至千里；不积小流，无以成江海。

——荀子《劝学篇》

今知

做事要脚踏实地，一步一个脚印，坚忍不拔地干下去，才能最终达到目的。那些整日里将宏图大志挂在嘴边，在对待平凡琐碎的事时却漫不经心、敷衍了事的人，最终只能是一事无成。这和那些考试前临时抱佛脚的人不可能取得最佳成绩一样。

智慧 成功的奥秘

上个世纪最初的几十年里，在太平洋两岸的美国和日本，有两个年轻人都在为自己的人生努力着。

日本人每月坚持把工资和奖金的三分之一存入银行，尽管许多时候他这样做会让自己手头拮据，但他仍照存不误。有时甚至借钱维持生计也从来不去动银行的存款。

那个美国人的情况更糟糕，他整天躲在狭小的地下室里，将数百万根的K线一根根地画到纸上、贴到墙上，对着这些K线静静地思索。

这样的情况在两个年轻人的世界里各自延续了六年。

六年后，那位日本人用自己节衣缩食积累财富的经历打动了一名银行家。获得了创业所需的一百万美元的贷款，创立了麦当劳在日本的第一家分公司，从而成为麦当劳日本连锁公司的掌门人——他叫藤田。

同样是在六年后，那位美国人成立了自己的经纪公司，并发现了最重要的有关证券市场发展趋势的预测方法："控制时间因素"。他在金融投资生涯中赚取了五亿美元的财富，成为华尔街上靠研究理论而白手起家的神话人物。他叫威廉江恩，世界证券行业尽人皆知的最重要的"波浪理论"的创始人。如今，他的理论被译成十几种文字，成为世界各地金融领域从业人员必备的知识。

藤田靠节衣缩食攒钱起家、江恩靠研究K线理论致富，这两个看似风马牛不相及的故事中蕴含着一个相同的道理，那就是许多成就大事业的人同样是从一点一滴的努力中创造和积累着成功所需的条件。

知之为知之，不知为不知。

——《论语·为政》

知之为知之，不知为不知，是知也。

——《论语·为政》

今知

做人要实事求是，知道就是知道，不知道就是不知道。这样才是真正的智慧！如果你学习的时候，不懂装懂，不会装会，而不询问老师或同学真正的答案，那不但是欺骗老师，更重要的是欺骗自己，最终使自己失去了获取知识的最佳机会！所以不懂就要问，这没什么值得害羞的，没有人天生就懂，学习就是把一个个“不懂”变成“懂了”的过程。

智慧 博士过河

一个博士分到一家研究所，成为学历最高的一个人。

一天他到单位后面的小池塘去钓鱼，正好正副所长在他的一左一右，也在钓鱼。

他只是微微点了点头，和这两个本科生有什么好聊的呢？

一会儿，正所长放下钓竿，伸伸懒腰，“噌噌噌”从水面上如飞地走到对面上厕所。

博士眼睛睁得都快掉下来了。水上漂？不会吧？这可是一个池塘啊。

正所长上完厕所回来的时候，同样也是“噌噌噌”地从水上漂回来了。

怎么回事？博士生又不好去问，自己是博士生哪！

过了一阵，副所长也站起来，走几步，“噌噌噌”地漂过水面上厕所。

这下子博士更是差点昏倒：不会吧，到了一个江湖高手集中的地方？

博士生也内急了。这个池塘两边有围墙，要到对面厕所非得绕十分钟的路，而回单位上又太远，怎么办？博士生也不愿意去问两位所长，憋了半天后，也起身往水里跨：我就不信本科生能过的水面，我博士生不能过。

只听“咚”的一声，博士生栽到了水里。

两所长将他拉了上来，问他为什么要下水，他问：“为什么你们可以走过去呢？”

两所长相视一笑：“这池塘里有两排木桩子，由于这两天下雨涨水正好在水面下。我们都知道这木桩的位置，所以可以踩着桩子过去。你怎么不问一声呢？”

玉不琢，不成器；人不学，不知道。

——《礼记·学记》

今知

玉不打磨雕刻，不会成为精美的器物。一个人的成才之路如同雕刻玉器一样，玉在没有打磨雕琢以前和石头没有区别，人也是一样，只有经过刻苦磨炼才能成为一个有用的人。

智慧 雕琢的痛苦

某座城市里建起了一座寺庙。于是如来佛就派来了一个擅长雕刻的罗汉幻化成一个雕刻师来到人间。雕刻师在两块已经备好的石料中选了一块质地上乘的石头，开始了工作，可是，没想到他刚拿起凿子凿了几下，这块石头就喊起痛来。雕刻的罗汉就劝它说：“不经过细细的雕琢，你将永远都是一块不起眼的石头，还是忍一忍吧。”可是，等到他的凿子一落到石头身上，那块石

头依然哀嚎不已："痛死我了，痛死我了。求求你，饶了我吧。"

雕刻师实在忍受不了这块石头的叫嚷，只好停止了工作。于是，他重新选了一块质地远不如它的粗糙石头雕琢。虽然这块石头的质地较差，但它感到自己能被雕刻师选中而从内心感激不已，同时也对自己将被雕成一尊精美的雕像深信不疑。所以，任凭雕刻师的刀琢斧敲，它都以坚忍的毅力默默地承受过来。

这座庙宇的香火非常的旺盛，日夜香烟缭绕，天天人流不息。为了方便日益增加的香客，那块怕痛的石头被人们弄去填坑筑路了。有一次，它愤愤不平地对正路过此处的佛祖说："佛祖啊，你太不公平了！你看那块石头的资质比我差得多，如今却享受着人间的礼赞尊崇，而我却每天遭受凌辱践踏，日晒雨淋，你为什么要这样的偏心啊？"佛祖微微一笑说："它资质也许并不如你，但是那块石头的荣耀却是来自一刀一锉的雕琢之痛啊！你既然受不了雕琢之苦，只能最后得到这样的命运啊！"

少壮不努力，老大徒伤悲。

百川东到海，何时复西归。少壮不努力，老大徒伤悲。

——《乐府诗集·长歌行》

今知

时间像江河东流入海，一去不复返；人在年轻时不努力学习，年龄大了，那就只好悲伤、后悔。所以大家要趁小小年纪，好好学习，不要将来长大了，走上社会，才发现一无所长。真要有那么一天，伤心恸哭也无济于事，毕竟时光不能倒转！

智慧 生命中最重要的一天

一个青年去寻找深山里的智者，向他请教一些人生问题。

“请问大师，你生命中的哪一天最重要？是生日还是死日？是上山学艺的那一天，还是得道开悟的那一天？……”青年连珠炮似的问。

“都不是，生命中最重要的是今天。”智者不假思索地答道。

“为什么？”

青年甚为好奇：“今天发生了什么惊天动地的大事？”

“今天什么事也没有发生。”

“那今天重要是不是因为我的来访？”

“即使今天没有任何来访者，今天也仍然重要，因为今天是我们拥有的唯一财富。昨天不论多么值得回忆和怀念，它都像沉船一样沉入海底了；明天不论多么灿烂辉煌，它都还没有到来；而今天不论多么平常、多么暗淡，它都在我们手里，由我们自己支配。”

青年还想问，智者收住了话头：“在谈论今天的重要性时，我们已经浪费了我们的‘今天’，我们拥有的‘今天’已经减少了许多。”

青年若有所思地点点头，然后就疾步下山了。

知之者不如好之者，好之者不如乐之者。

——《论语·雍也》

今知

兴趣是最好的老师，是学习的最大动力源泉。学习知识或本领，知道它的人不如爱好它的接受得快，爱好它的不如对它有兴趣的接受得快。所以，大家要学哪门课，不要把它当任务来完成，而要从中发现兴趣，爱上它，它会给你无限快乐！

智慧 兴趣是最好的老师

澳大利亚有位初三毕业生，他感觉自己读书很吃力，不打算上高中，回家后把想法告诉父母，父母对他说：“我们想听听你对今后的打算。”孩子回答说：“我对美术感兴趣，我想毕业后搞花卉种植，将来向园林方面发展。我征求过生涯规划老师的意见了，老师肯定了我的想法。希望你们能支持。”

他的父母听了孩子这番话，综合孩子的学业情况后，同意了孩子的选择，并提供两万澳元作为孩子的事业启动资金。孩子做了自己想做的事，表现得特别积极而愉快，很好地发挥了人际交往方面的特长，拉赞助，找帮手，查资料，勤请教，两年之后他成立了澳大利亚首家花卉公司。

有一回，他看到市政府门前又脏又乱，向政府有关部门建议在门前建一个小花园，可是市政府缺乏资金，他就找厂家拉赞助，免费为赞助商立广告牌；缺人手，他就跑到一所大学园林系找学生帮忙，他知道学生的劳动力最低廉，又能为学生提供实习场所，达到双赢的效果。

花园很快建好了，美化了这座城市，引起当地新闻媒体的关注，电视台、报社相继作了报道，很快他的花卉的销售量猛增。

第三年他做起了跨国生意，一些国产名贵花卉远销世界十几个国家和地区。五年后，他的花卉公司成为一个拥有2亿资产的跨国花卉企业。

学如逆水行舟，不进则退。

——《增广贤文》

今知

学习要不断进取，不断努力，就像逆水行驶的小船，不努力向前，就只能向后退。你有这样的体会吗？这次考试成绩特别好，如果你因此骄傲自满，不再像以前那样努力了，那么下次考试一定会落后的。所以，学习上没有原地踏步，只有向前或者后退。

智慧 聪明的李浩

初中的时候，各科老师都很喜欢李浩，常常在他父母面前夸李浩聪明，学什么都很快。因此，李浩相信自己是一个很有天赋的孩子，甚至觉得自己不需要通过太多努力就可以取得好成绩。

李浩甚至有些骄傲起来。虽然他的学习成绩没有明显的滑坡，但是这种骄傲的苗头越来越明显，老师、父母为此很是担心。

一个周末，爸爸带李浩去公园划船。那天天气晴朗，略有点风，别人都是顺风而行，而爸爸却逆着风划船。爸爸挑的是那种有桨没篷的船，李浩不会游泳，有些害怕，更觉得非常奇怪，问爸爸为什么别人都是顺风划，而他却要逆风划？

爸爸没说话，迎着风费力地划了一阵，才前进一点；然后一松手，船就往后退，很快就回到起初的地点。

李浩正在百思不得其解，爸爸突然转过头说："你看到了吗，逆水行舟，不进则退。不使劲，很快就回到起点，甚至还往后退。学习是不是也这样？"

李浩这才恍然大悟，原来爸爸是借着划船教育他呢。

吾生也有涯而知也无涯。

——《庄子·养生主》

今知

我们的生命是有限度的，而知识是没有边界的。所以学习不能自满，要活到老，学到到老，一生保持求知向上的心态。

智慧 学无止境

人生是一只水桶，我们永远装不满。

一位年轻人，跟老玉匠学艺。几年过去了，他已经能雕出许多精美的玉器，认为自己已经学得差不多了，便向师傅提出要“出师”。师傅听了不置可否，只是对他说：“你去把那个最大的木桶提来，然后，把它装满石头。”

他很快就把石头装了进去。师傅问他：“都装满了？”

他点了点头说：“都装满了。”

师傅又指了指不远处的一堆沙说："那你再把那些沙子装进去，看还能不能装得下？"

他拿着沙子往桶里倒，沙子果然顺着石头的隙缝漏了进去。

这时师傅又问他："这回真的倒满了？"

他自信地回答："真的装满了。"

师傅不再言语，转身走进房子，舀出一瓢水说：那你试着把水倒进去吧。"

他接过水瓢，慢慢地把水倒进了木桶，水很快就渗了进去。

良久，他满脸惭愧地对师傅说："师傅，我不走了！"

茫茫宇宙，我们知道得太少太少，永远不自满的人，才能保持开始时的干劲，努力探索，辛勤耕耘"虚心使人进步，骄傲使人落后。"让我们做个永不自满的人吧。

见贤思齐焉，见不贤而内自省也。

——《论语·里仁》

今知

“见贤思齐”是说见到好的榜样我们要想着去学习他，努力赶上他；“见不贤而内自省”是说坏的榜样对自己的“教益”，要学会从他身上吸取教训，不要跟别人堕落下去，要想想自己身上有没有同样的问题。

智慧 留一只眼睛给自己

爱因斯坦是20世纪最伟大的物理学家，他有一个天资聪颖而又非常勤奋的助手。

一天，爱因斯坦早晨走进实验室，看见他的助手正在那里工作。午餐以后，爱因斯坦看见他的助手还是专心致志地在做实验。晚饭后，他的助手仍然没有离开。爱因斯坦很不明白这位助手为什么如此勤奋，就坐下来和他聊天。

在聊天过程中，助手问道："以我的资质，需要努力多久才能成为一个著名的科学家呢？"

爱因斯坦回答说："以你对物理方面现有的了解，至少要10年。"

助手觉得10年时间太长久了，就说："如果我加倍努力，多久可以成为一个物理学者呢？"

爱因斯坦马上回答说："20年。"

助手以为是自己努力不够，就说："如果我夜以继日，片刻不歇地做实验，不停地演算，多久能成为一流的物理学家呢？"

爱因斯坦毫不客气地回答："如果这样的话，你只有死路一条，哪里还有成为一个物理学家的机会呢？"

助手更加迷惑不解了，他不明白爱因斯坦的话里包含的意思是什么。

这时候，爱因斯坦说："要想成为一个一流的学者，就必须留一只眼睛给自己。一个学者只知道整天做事，不知道反视自我，不知道审视自己，那他就永远成不了一流的学者。"

纸上得来终觉浅，绝知此事要躬行。

——陆游

今知

从书本上得到的知识终归是浅薄的，我们学习不能仅满足于对书本的理解认识，要躬行实践，只有真正做的时候才会真的把书本上的知识变成自己的实际本领。

智慧 猎神的儿子

有位猎人一直以高超的射箭技术闻名于世，他可以一箭射中在空中飞行的老鹰，而且不偏不倚正中鹰眼；他也曾经出外至深山打猎30天，带回来极其珍贵的貂皮和豹皮。由于村子里的食物来源几乎都靠他供应，因此，村民们纷纷尊称他为“猎神”。

猎神有一个儿子，长得高大英俊，颇有猎神之风，因此他对儿子的期望很高，希望他可以得到自己的真传。

猎神把所有的知识与经验全部倾囊相授，他的儿子也十分用

心学习，对各种野生动物的习性了如指掌，所以猎神很放心地把弓箭交给儿子，让他独自上山去打猎。

去了快半个月，猎神的儿子满载而归，捕获了许多珍奇的动物。然而一回到家，儿子便倒地不起，连续几天高烧不退，在床上躺了没多久就撒手人寰了。

原来，猎神的儿子不小心被蜜蜂螫到，伤口感染没有及时处理，所以导致一命呜呼的。

猎神痛彻心扉，难过不已。多年来，他一直苦心栽培这个儿子，让他知道打猎的每个步骤，如何扎营，如何与各种动物周旋。他连猛虎都不怕，却死于一只小蜜蜂的手里，一只微不足道的小蜜蜂。

一个老朋友得知了猎神的心情，诚恳地对他说：“你只教给他技术，却无法传授他经验和教训，人生本来就有太多的意外，你又有什么好不甘心的呢？”

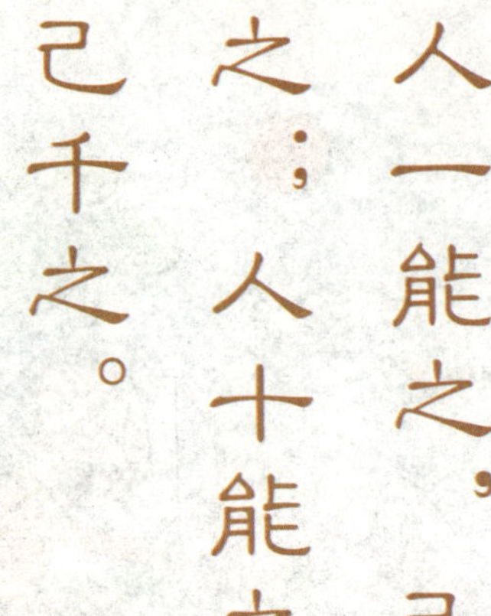

人一能之，己百之；人十能之，己千之。果能此道矣，虽愚必明，虽柔必强。

——《中庸》

今知

人家一次就学通的，我如果花上百次的功夫，一定能学通。人家十次能掌握的，我要是学一千次，也肯定会掌握的。如果真能照这个样子做，即使天资不如人也会慢慢聪明起来，即使本来很脆弱也会成就一番大事业。

智慧 坚持不懈的柏拉图

开学第一天，古希腊大哲学家苏格拉底对学生们说："今天咱们只学一件最简单也最容易做的事。每人把胳膊尽量往前甩，然后再尽量往后甩。"说着，苏格拉底示范了一遍："从今天开始，每天做300下，大家能做到吗？"

“能！”学生们都笑着说，这么简单的事有什么做不到的？

过了一个月，苏格拉底问学生们：“每天甩手300下，哪些同学坚持了？”有90%的同学骄傲地举起了手。

又过了一个月，苏格拉底又问这个问题。这回，举手的学生只剩下八成。一年过后，苏格拉底再一次问大家：“请告诉我，最简单的甩手运动，还有哪几位同学坚持了？”

这时，整个教室里只有一个人举起了手，这个学生就是后来成为古希腊另一位大哲学家的柏拉图。

尽信《书》，不如无《书》。

尽信《书》，则不如无《书》。吾于武成，取二三策而已矣。

——《孟子·尽心下》

今知

要是完全相信书本上的知识，还不如没有书呢！就是说，对待书本上的知识，我们不能不假思索就全盘接受。只有把知识融会贯通，形成自己独特的理解判断，才能拥有智慧。

智慧 死板的动物学家

大草原，日上中天，一位动物学家和一头犀牛不期而遇。动物学家一下慌了神儿，须知犀牛一嗅到可疑的气味，便会往散发气味的地方狂奔过来，横冲直顶……

但见眼前这头犀牛在不断摇头，动物学家紧皱的眉头一下又舒展开了。

犀牛背上的犀牛鸟焦急地提醒他：“科学家，我主人的脾气喜怒无常！你最好在主人未动之前先动，赶快逃吧！”但见动物学家扬了扬手中的一本书，气定神闲：“放心吧，这不会有什么危险的。根据《犀牛习性科学研究指南大全》的分析，犀牛摇头无非有两大重要信号：其一，摇头说明它对另一方没有敌意，它不会主动进攻另一方；其二，摇头说明它可能见到了漂亮的异性。”犀牛鸟刚要说什么，但动物学家立刻把食指竖到嘴前：“安静！这正好让我和犀牛来一次近距离‘亲密接触’！”接着，动物学家便神情自若地和犀牛“对峙”起来，双方相持了一分钟，刚好是一分钟。61秒后，犀牛却突然猛冲过去，动物学家当场被顶倒在地，身上多处骨折。

动物学家倒在地上，吐着断牙，奄奄一息：“怎么会这样，这书上明明说……”

知难而上。

陈寅曰："子立后而行，吾室亦不亡，唯君亦以我为知难而行也。"

——《左传·定公六年》

今知

知难而上指的是明知山有虎偏向虎山行，不怕困难，勇往直前。大家在生活和学习中遇到困难也要如此，没有办法也要想办法。世上无难事，只怕有心人。

智慧 超高难度的乐谱

一位音乐系的学生走进练习室。在钢琴上，摆着一份全新的乐谱。

"超高难度……"他翻着乐谱，喃喃自语，感觉自己对弹奏钢琴的信心似乎跌到谷底。

指导教授是个极其有名的音乐大师。授课的第一天，他给自己的新学生一份乐谱。"试试看吧！"他说。乐谱的难度颇高，学生弹得错误百出。“还不成熟，回去好好练习！”教授在下课时，如此叮嘱学生。

学生练习了一个星期，第二周上课时正准备让教授验收，没想到教授又给他一份难度更高的乐谱，“试试看吧！”上星期的课教授也没提。学生再次挣扎于更高难度的技巧挑战。

第三周。更难的乐谱又出现了。这样的情形持续着，学生每次在课堂上都被一份新的乐谱所困扰，学生感到越来越不安、沮丧和气馁。教授走进练习室。学生再也忍不住了。教授没开口，他抽出最早的那份乐谱，交给了学生。“弹奏吧！”他以坚定的目光望着学生。

不可思议的事情发生了，连学生自己都惊讶万分，他居然可以将这首曲子弹奏得如此美妙、如此精湛！

“如果，我任由你表现最擅长的部分，可能你还在练习最早的那份乐谱，就不会有现在这样的程度……”钢琴大师缓缓地说。

吾日三省吾身。

曾子曰："吾日三省吾身，为人谋而不忠乎？与朋友交而不信乎？传不习乎？"

——《论语·学而》

今知

曾子说："我每天从三方面反省自己，替人家谋虑是否不够尽心？和朋友交往是否不够诚信？老师传授的学业是不是反复练习实践了呢？"就是要我们每天都反省一下自己：做了什么，学到了什么，等等。

智慧 每天反省自己

王小同的父亲出生在贫苦农家，当年小学没毕业就辍学做工去了。

从此，世界便成了他的学校。可他这个人，好奇心强，对什么都有兴趣，他阅读了一切能够得到的书籍、杂志和报纸。他还爱跟不同的人聊天，以了解千变万化的世界。生儿育女后，他决心要让每一个孩子受到良好教育。他认为，最不可宽恕的是我们晚上上床时还像早上醒来时一样无知。

父亲为了防止孩子们堕入自满的陷阱，要他们每天必须学一样新的东西，而晚餐时间似乎是他们交换新知识的最佳场合。

他们每人有一项“新知”之后，便可以去吃饭了。

这时，父亲的目光会停在他们当中一人身上。“王小同，告诉我你今天学到些什么。”

“我今天学到的是关于南极的故事……”

王小同一向都觉得奇怪，不论他所说的是什么东西，父亲都不会认为琐碎，而且总说“好，有进步！”接下来爸爸会问全家人是否都了解讲述者的新知识，如果不知，就是一轮全家总动员的集体学习。母亲和奶奶也不能例外。

王小同当时只是个孩子，一点也觉察不出这种教育的妙处。有时候他还迫不及待地想走出屋外，去跟小朋友一起玩游戏去。

如今回想起来，他才明白父亲给他的是一种多么生动有力的教育。

王小同进大学后曾追随几位全国最著名的教育家学习，受益匪浅。但令他感到非常有趣的，是发现那些教授教导他的，正是父亲早就知道的东西——每天反省自己，问问自己有没有学到新的东西。

第二章

做事之道

有所为，有所不为

人活着就离不开做事，做事是我们立身成人之本。人的潜能，只能在做事中才会开发；人的素质，只能在做事中才会形成；人的品质，只能在做事中才会体现；人的智慧，只能在做事中才会运用；人的成就，只能在做事中才会取得；人的梦想，只能在做事中才会实现。没有做事，做人没有根基。古代先贤们的做事之道，在这里以最鲜活的姿态展现在我们面前，我们可以从中汲取为人做事的真知灼见。

Spider Man

淘乐斯变身公仔

勿以恶小而为之，勿以善小而不为。

——《三国志·蜀书·先主传》

今知

不要因为好事小而不做，更不能因为不好的事小而去做。小善积多了就成为利天下的大善，而小恶积多了就有可能走上犯罪的道路。

智慧 莫以恶小而为之

小黄牛栽下了一棵柠檬树，小树苗在春风中欢快地成长着。为了保护好小树，小黄牛在幼树旁立了一块木牌，上面写道：“请爱护小树”。

“哟，一棵多漂亮的小树，当然应该爱护。”一只小兔子蹦蹦跳跳地走过，欣赏了一阵之后，赞叹地说，“这小树太可爱了，我只要一片嫩叶夹在我的画册里当书签，那多美哟！”小兔子小心地摘下了一片叶子，走了。

过了一阵，来了一只小猴。小猴子一发现小树苗，便欢呼起来："多秀丽的柠檬树呀，以后它会长得高耸入云，我就要在那白玉般的树干上做攀登技巧的表演。嘻，让我取片叶子作个纪念吧。对，就只要一片。"小猴子仔细地掐下了一片树叶。乐得翻了个斤斗，溜了。

接着，小山羊走过，小肥猪走过……

每一位路过的小家伙，都取下一片树叶。可是，只过了一天，当小黄牛走来浇水时，一看树苗，惊得目瞪口呆：小树一片叶子也不剩了！

千里之行，始于足下。

合抱之木，生于毫末；九层之台，起于垒土；千里之行，始于足下。

——《老子》

今知

这句话揭示了一个再简单不过的道理，再远的路只有一步步去走，才可以到达；再大的困难，只要一点点地，细心地，认真地去做就一定可以解决。其实人间的大道理就体现在一些日常的小事之中，要在小事中见到大道理，才能获得真正的成功。

智慧 “一元钱”富翁

孩子问亿万富翁：“你是怎么成为亿万富翁的？”

“一元钱一元钱地挣呗，当你重复一亿次时就自然而然成为亿万富翁了。”

“挣一元钱并不难，可是怎么样坚持一亿次呢？”

“可以不去想一亿次，想得太多反而给你背上心理包袱，让你觉得挣一元钱也是那样遥不可及。你挣钱的时候只想着这是唯一的一次，既然是唯一的一次，你就一定要把它挣来。挣来这一元钱之后，再去挣下一元钱。如此反复，时间一长，你会发现，自己拥有的财富是许多个‘一元’，你会从自己过去的成绩中得到信心，那时候你的财富就不是一元一元地增加，而是一万一万地增加，甚至是百万百万地增加。”

锲而舍之，朽木不折；锲而不舍，金石可镂。

——荀子《劝学篇》

锲而不舍，金石可镂。

今知

不停地用刀子刻下去，即使是坚硬的金石也能被刻穿。引申出来就是：做什么事情都要不怕困难，不怕失败，持之以恒，最后才能成功。

智慧 纯白金盏花

多年前美国一家报纸曾刊登了一则园艺所重金悬赏纯白金盏花的启事，这在当地一时引起轰动。高额的奖金让许多人趋之若鹜，但在自然界中，金盏花除了金色的，就是棕色的，若想培植出白色的，并不是一件易事。所以许多人一阵热血沸腾之后，就把那则启事抛到了九霄云外。

20年后很平常的一天，当年那家曾刊登启事的园艺所意外地收到了一封热情的应征信和100粒“纯白金盏花”的种子。

当天，这件事就不胫而走，引起轩然大波。更令人匪夷所思的是，寄种子的原来是一位年已古稀的老人。

原来，老人是一个地地道道的爱花人。当她偶然看到那则启事后，便怦然心动。

她撒下了一些最普通的种子，精心侍弄。一年之后，金盏花开了，她从那些金色的、棕色的花中挑选了一朵颜色最淡的，任其自然枯萎，以取得最好的种子。次年，她又把它们种下去。然后，再从这些花中挑选出颜色更淡的花的种子栽种……年复一年，周而复始。老人的丈夫去世了，儿女远走了，唯有种出白色金盏花的愿望在她的心中根深蒂固。

终于，在20年后的一天，她在那片花园中看到一朵金盏花，它不是近乎白色，也并非类似白色，而是如银如雪的白。

工欲善其事，必先利其器。

工欲善其事，必先利其器。居是邦也，事其大夫之贤者，友其士之仁者。

——《论语·卫灵公》

今知

要做好一件事，准备工作非常重要。准备工作做得好，才可以事半功倍！比如，我们学习功课之前，最好预习，那样听老师讲的时候才会对症下药学得更快！

智慧 先磨刀，再砍树

有一个工人在一个伐木厂找到了一份不错的工作。他决定认真做好这份工作，好好表现。上班第一天，老板给了他一把斧子，让他到人工种植林里去砍树，这个工人卖力地干了起来。一天时间，他不停地挥舞着斧子，一共砍倒了19棵大树。老板满意极了，夸他干得不错。工人听了很兴奋，决定工作要更加卖力，以感谢老板对他的赏识。

第二天，工人拼命工作，他的腿站得又酸又疼，胳膊更是累得抬不起来了，可是这样拼命，却并没有带来更好的结果。他觉得自己比第一天还要累，用的力还要大，却只砍倒了16棵树。

工人想也许我还不够卖力，如果我的成绩一直下降，老板一定会以为我在偷懒，所以我要更加卖力才行。第三天，工人投入了双倍的热情去工作，直到把自己累得再也动不了为止。可是，让他失望的是，他只砍倒了12棵树。

工人是个很诚实的人，他觉得太惭愧了，拿着老板给的高薪，工作却越来越差劲。他主动去向老板道歉，说明了自己的工作情况，并检讨说，“我真是太没用了，越卖力干得越少。”老板问他：“你多久磨一次斧子？”工人一听愣住了，他说：“我把所有的时间都花在砍树上了，哪里有时间去磨斧子啊？”

为者常成，行者常至。

——《晏子春秋》

今知

意思是努力去做的人常常可以成功，不倦前行的人常常可以到达目的地。信心与行动，永远是成功者的双脚。成功者之所以成功，是因为他们一直相信任何困难都是可以战胜的，也是必须战胜的。

智慧 《等你准备好了再来》

有个年轻人去微软公司应聘，而该公司并没有刊登过招聘广告，见总经理疑惑不解，年轻人用不太娴熟的英语解释说自己是碰巧路过这里，就贸然进来了。总经理感觉很新鲜，破例让他一试。结果年轻人表现糟糕，他对总经理的解释是事先没有准备，总经理以为他不过是找个托词下台阶，就随口应道：等你准备好了再来试吧。

一周后，年轻人再次走进微软公司的大门，这次他依然没有成功，但比起第一次，他的表现要好得多。而总经理给他的回答仍然同上次一样：等你准备好了再来试。就这样，这个青年先后5次踏进微软公司的大门，最终被公司录用，成为公司的重点培养对象。

也许，我们的人生旅途上沼泽遍布，荆棘丛生；也许我们追求的风景总是山重水复，不见柳暗花明；也许，我们前行的步履总是沉重、蹒跚；也许，我们需要在黑暗中摸索很长时间，才能找寻到光明；也许，我们虔诚的信念会被世俗的尘雾缠绕，而不能自由翱翔……那么，我们为什么不可以以勇敢者的气魄，坚定而自信地对自己说一声再试一次！

再试一次，你就有可能达到成功的彼岸！

君子欲讷于言而敏于行。

——《论语·里仁》

今知

告诉大家，想问题，办事情，要善于把思想化为行动，不要空想，说空话，说大话……在与同学交往中，不要夸夸其谈，要办实事，才能赢得同学的尊重。

智慧 老牛和鹦鹉

一个农夫养了一只会说话的鹦鹉和一只会干活的牛，除这两件东西外，家里再没有值钱的东西了。

一次，牛从田地干活归来，汗流浃背，气喘吁吁，刚一进院，便躺在地上，站不起来了，它已疲惫不堪。鹦鹉见状，十分感慨地说："老牛呀，你那样吃苦受累，可主人说你什么呢，说你干活慢，有牛脾气，你呀，可真是受累不得好呀，真可悲。你瞧我，不用干活，还让主人伺候着，主人还经常表扬我，说我真会说话，会学舌，太可爱了，你说我是不是比你聪明多了？你是否知道自己是个大傻瓜呢？”

老牛说：“我知道自己傻，但我相信主人不傻，所有靠漂亮话只能得宠一时，不能得宠永远。”

鹦鹉听了老牛的话十分不悦。于是双方便都沉默了。

夜里农夫家里来了一伙强盗，抓住了农夫，他们逼迫农夫交出一件值钱的东西，否则就要杀死农夫。鹦鹉看在眼里，心想，农夫最不喜欢老牛了，他肯定会把老牛交给强盗的。

可结果恰恰相反，农夫将鹦鹉交给了强盗。

若要人不知，除非己莫为。

欲人勿闻，莫若勿言；欲人勿知，莫若勿为。

——枚乘《上书谏吴王》

今知

要想人家不知道，除非自己不去做。指干了坏事终究要暴露。所以顽皮的同学做了错事，不要有侥幸心理，敢于承认就是勇敢的好孩子。如果是不小心闯了祸，也没关系，说出来大人还是会喜欢你的。

智慧 心里的眼睛

有一个出身贫困的孩子十分喜爱钓鱼，可是却从来没有钓到过一条大鱼。在鲈鱼钓猎开禁前的那天晚上，他和父亲双双来到湖边钓鱼。放好鱼线，安好鱼饵，一次次地将鱼线抛向湖水中。

湖面十分平静，他和父亲守在那，等着鱼上钩。可是，很长时间过去了，没有一条鱼上钩。就在他们准备回家的时候，鱼线突然动了。他拎一拎，发觉异常沉重，这肯定是一条大鱼上钩了。

他兴奋极了，急忙快速地收鱼线，线越收越短，湖面响起大鱼拍击水面的声音，父亲取出网罩在湖边准备捞住它。果然是条大家伙，父亲打开手电，照着鱼身，发现它是条鲈鱼，银白色的鱼鳞闪耀着光芒。

父亲看着夜光表，对孩子说："现在是10点，离开禁还有两个小时，孩子，我们放了它吧。"

孩子说："不，爸爸，我们好不容易钓到它的。"

孩子哭了，父亲安慰他："我们还会钓到更大的鱼。"

孩子环视四周，湖边夜色深沉，了无人影。他对父亲说："别人不知道我们钓到了鲈鱼。"

父亲说："孩子，湖边没有眼睛，但我们心里有眼睛。"

天下之难事，必作于易；天下之大事，必作于细。

——《老子·六十三章》

今知

天下的难事，一定是从容易的事发展起来的；天下的大事，一定是从细小的事发展起来的。做任何事情都是由小到大，由少到多，由易到难的。多寓于少，大寓于小，难藏于易，不要瞧不上小事、看不起容易的事。

智慧 工作无小事

一位年轻的修女进入修道院以后一直从事织挂毯的工作，做了几个星期之后她再也不愿意干这种无聊的工作了。她感叹道：“给我的指示简直不知所云，我一直在用鲜黄色的丝线编织，却突然又要我打结，把线剪断，这种事完全没有意义，真是在浪费生命。”

身边正在织毯的老修女说："孩子，你的工作并没有浪费，其实你织出的很小的一部分是非常重要的一部分。"老修女带着她走到工作室里摊开的挂毯面前，年轻的修女呆住了。原来，她编织的是一幅美丽的《三王来朝》图，黄线织出的那一部分是圣婴头上的光环。她没想到，在她看来没有意义的工作竟是这么伟大。

知耻近乎勇。

——《礼记·中庸》

今知

字面意思：知道羞耻就接近勇敢了。儒家所说的“知耻近乎勇”的“勇”是勇于改过。这里把羞耻和勇敢等同起来，意思是要人知道羞耻并勇于改过是一种值得推崇的品质。是对知羞改过的人勇敢表现的行为的赞赏。

智慧 获诺贝尔奖的坏孩子

神经组织学家拉蒙·伊·卡哈尔，是西班牙人。父亲是乡村医生，不重视对孩子的教育。因此，小卡哈尔不好好学习，总与一些坏孩子在一起胡混。后来闯了祸，还被警察拘留了三天，把他父亲气坏了。

他很早就爱慕邻家的一个女孩，总想找机会接近她，可是那姑娘根本不理他。一天，他看姑娘与人谈话，想靠近听听，那姑娘好像在议论他："顽童都是没志气，也不会有好前途的人……"他立刻脸红心跳……姑娘的话大大刺激了他。回家以后，他躺在床上不吃饭、不睡觉，脑子里全想着这事……他终于明白过来：人不能像自己这样胡混，并下决心改变自己。

他重新上学，一改过去的坏毛病，勤奋学习……校长和老师都感到奇怪。终于，他以高中第一名的好成绩考上了萨拉戈萨医科大学，成为一个享受全额奖学金的大学生。1906年，他与意大利生物学家C.高尔基同获诺贝尔生理学医学奖。

既来之，则安之。

夫如是，故远人不服，则修文德以来之。既来之，则安之。”

——《论语·季氏》

今知

原意是指既然把他们招抚来，就要把他们安顿下来。后来指既然有些事情我们无法回避，那就不如调整心态，顺其自然，坦然面对。心态变了，有时麻烦也会变成机遇。

智慧 狮子的烦恼

有一天，素有森林之王之称的狮子，来到了天神面前：“我很感谢你赐给我如此雄壮威武的体格、如此强大无比的力气，让我有足够的能力统治这整片森林。”

天神听了，微笑地问：“但是这不是你今天来找我的目的吧！看起来你似乎为了某事而困扰呢！”

狮子轻轻吼了一声，说："天神真是了解我啊！我今天来的确是有事相求。因为尽管我的能力再好，但是每天鸡鸣的时候，我总是会被鸡鸣声给吓醒。神啊！祈求您，再赐给我一个力量，让我不再被鸡鸣声给吓醒吧！"

天神笑道："你去找大象吧，他会给你一个满意的答复的。"

狮子兴冲冲跑到湖边找大象，还没见到大象，就听到大象跺脚所发出的"砰砰"响声。

狮子加速地跑向大象，却看到大象正气呼呼地直跺脚。

狮子问大象：“你干吗发这么大的脾气？”

大象拼命摇晃着大耳朵，吼着：“有只讨厌的小蚊子，总想钻进我的耳朵里，害我都快痒死了。”

狮子离开了大象，心里暗自想着：“原来体型这么巨大的大象，还会怕那么瘦小的蚊子，那我还有什么好抱怨呢？毕竟鸡鸣也不过一天一次，而蚊子却是无时无刻地骚扰着大象。这样想来，我可比他幸运多了。”

狮子一边走，一边回头看着仍在跺脚的大象，心想：“天神要我来看看大象的情况，应该就是想告诉我，谁都会遇上麻烦事，而他并无法帮助所有人。

既然如此，那我只好靠自己了！反正以后只要鸡鸣时，我就当做鸡是在提醒我该起床了，如此一想，鸡鸣声对我还算是有益处呢！”

小不忍，则乱大谋。

巧言乱德。小不忍，则乱大谋。

——《论语·卫灵公》

今知

人要忍耐，凡事要包容。如果一点小事不能容忍，脾气一来，就坏了大事。许多大事失败，常常都由于小事没做好。

智慧 和善的总统

忍是人生智慧中必不可少的。

在马琴利做美国总统时，他特派某人为税务总管，但为许多政客所反对，便派代表前往谒见总统，提出咨询，要求说明派该人做税务总管的理由。为首的是一个国会议员，身材矮小，脾气暴躁，说话粗声粗气，开口就给总统一顿难堪的讥骂。如果当时总统换成别人，也许早已气得暴跳如雷，但是马琴利却视若无睹，不吭一声，任凭他骂得声嘶力竭，然后才用极和婉的口气说："你现在怒气应该可以平和了吧？照理你是没权力这样责问我的，但是，现在我仍愿详细解释给你听。"

这几句话把那位议员说得羞惭万分，但是总统不等他道歉，便和颜悦色地说："其实也不能怪你，因为我想任何不明究竟的人，都会大怒。"接着便把理由解释清楚。

其实不等马琴利总统解释，那位议员早已被他折服了。他私下懊悔不该用这样恶劣的态度责备一位和善的总统。他满脑子都在想自己的错，因此，当他回去报告咨询的经过时，他只摇摇头说："我记不清总统的全盘解释了，但有一点可以报告，那便是——总统没有错。"

事在人为。

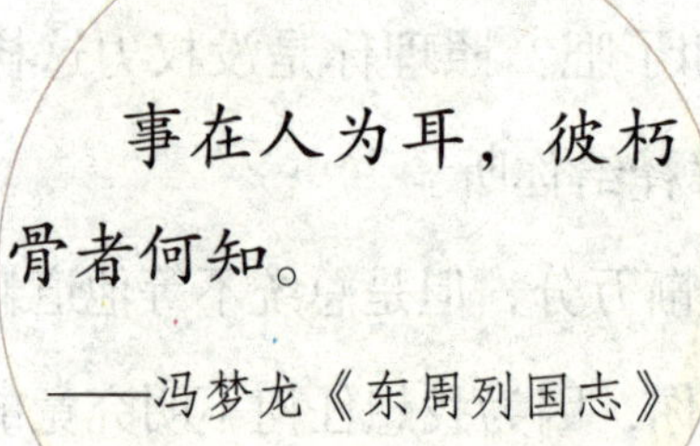

事在人为耳，彼朽骨者何知。

——冯梦龙《东周列国志》

今知

指事情要靠人去做的。在一定的条件下，事情能否做成要看人的主观努力如何。俗语说事在人为，只要你勤奋努力，一定能有所作为。

智慧　成为成龙

成龙小时候家里很穷，年纪小小就被送进了武行。刚开始拍电影的时候，一到片场他就偷懒，哪里有地方可以睡觉就去睡觉。有一天他问自己：就准备长期这么下去吗？我的目标是什么？后来他下决心要做一个武术指导，因为除了导演之外武术指导是最威严的。

有了这个目标之后，当人家偷懒的时候，他就去看武术指导

怎么策划每一场动作。那时候他的本事比很多人好，但没有人相信。有一次需要有个人从二楼摔下来，导演刚刚说了一个“二”字，“楼”还没说完，他就“嗒嗒嗒”爬上楼准备往下跳。武术指导却吼了一声：“下来！”因为他只能扶纸板箱，就是保护演员用的榻榻米。

成龙知道，就算自己再有本事，如果武术指导不知道或者不接受，就永远表现不出来。所以他就想尽办法，帮武术指导洗车、倒茶、抬凳子。有一天武术指导忽然间叫他：“这边有一个动作，你来。”就这样，成龙18岁成为全东南亚最年轻的武术指导。

当成龙自己做男主角的时候，虽然不识字，没学问，但他要学着写自己的剧本。后来想想，把自己写进去就行了，于是就拍《A计划》、《警察故事》。当他把在片场里面这么多年积累的经验发挥出来的时候，发现原来自己是可以的，所以就自己做导演。

成龙说：“这么多年来，我相信自己，只要我做每一件事情都曾经努力过，将来就一定会成功的。”

不宜妄自菲薄。

诚宜开张圣听，以光先帝遗德，恢弘志士之气，不宜妄自菲薄，引喻失义，以塞忠谏之路也。

——诸葛亮《前出师表》

今知

就是说不要过分看轻自己。自卑很可怕，自卑的人往往认为自己什么都做不成，结果就真的不成。所以，做人要自信，自信是成功的第一秘诀。

智慧 你不会一无是处

法国文豪大仲马在成名前，穷困潦倒。

有一次，他跑到巴黎去拜访他父亲的一位朋友，请他帮忙找个工作。

他父亲的朋友问他："你能做什么？"

"没有什么了不得的本事，老伯。"

“数学精通吗？”“不行。”

“你懂得物理吗？或者历史？”

“什么都不知道，老伯。”

“会计呢？法律如何？”

大仲马满脸通红，第一次知道自己太不行了，便说：“我真惭愧，现在我一定努力补救我的这些不足，我相信不久之后，我一定给老伯一个满意的答复。”

他父亲的朋友说：“可是你要生活呀，将你的住处留在这张纸上吧。”

大仲马无可奈何地写下了住址，“你究竟有一样长处，你的名字写得很好啊！”

你看大仲马在成名前，也曾有过自己认为自己一无是处的时候。然而，他父亲的朋友却发现了他的一个看似不是什么优点的优点——把名字写得很好。

每个人，特别是不自信的人，切不可把优点的标准定得太高，而对自身的优点视而不见。你不要死盯着自己学习不好，没钱，相貌不佳等等不足的一面，你还应看到自己身体好，会唱歌，字写得好等等不被外人和自己发现或承认的优点。

你不会“一无是处”，在这个世界上，每个人都潜藏着独特的天赋，这种天赋就像金矿一样埋藏在我们平淡无奇的生命中。那些总在羡慕别人而认为自己一无是处的人，是永远挖掘不到自身金矿的。

第三章

诗人接物

成为最受欢迎的人

现代社会不需要书呆子。如果不懂待人接物的学问，纵是读到博士也无济于事。任何时候，只要活着，就不能与世隔绝，就得与人打交道。这里面的学问很深，不是老师课堂上手把手就能教给我们的，也不是我们读了几篇文章就可以成为小社交高手的，而是要靠我们理解明白了这些道理后，在以后的人生中不断揣摩的。

Leonardo

淘乐斯变身公仔

满招损，谦受益。

满招损，谦受益，时乃天道。

——《尚书》

今知

骄傲自满会使自己遭受损害，谦虚谨慎有利于自己进步。因此，当我们取得成绩时，千万不能骄傲自满，对自己要有正确的评价和认识，不要满足于现状，要虚心向别人学习。

智慧 有人不喜欢你

一位歌星回东北老家，读中学时的好朋友邀请她晚上8点到某酒店一起聚会。这次歌星回来带了近百张经过自己认真签名的新专辑。因为她知道，这些昔日同学如果向她要新专辑，那是不该拒绝的。

歌星出了家门，打车去酒店。司机是一个30多岁的中年男人，问清了目的地后，就一言不发了。这让歌星不免有些失落，因为即使是在北京，出租车司机也会认识她这张脸。

到了酒店，车费是22元。歌星没有零钞，就拿出一张100元的，可恰巧司机手里也没有足够的零钞了。歌星今天心情很好，就表示不用找了，因为她知道司机不容易，何况这里还是她的家乡。可是司机坚决不同意，非要找个超市把钱换开。

歌星一看时间不早了，就准备拿出两张她签名的新专辑抵车费。接着，歌星问师傅认不认识自己，但是司机的回答大大出乎她的意料："认识，你是干唱歌的吧。"说完，他一指歌碟，

“不好意思，我不喜欢听歌，平时我净听二人转了。要不，车费就算了吧。”这个时候，正好另一位同学也刚好到酒店，替歌星付了车费。

你是干唱歌的吧，我不喜欢听歌。这些话让歌星震颤。见到昔日同学，歌星首先做了两件事：一是为自己迟到了三分钟向大家表示郑重道歉；二是找到聚会的组织者，把自己的210元份子钱交了。

后来这位歌星的口碑一直不错：没有绯闻，照章纳税，积极参加各种公益演出。歌星说，她时常想起那位出租车司机。那句话让她明白不管成就多大，都要谦虚做人。

诚者，天之道也；思诚者，人之道也。

——《孟子·离娄上》

今知

诚，真实无妄的意思。天指自然，天之道就是自然的规律。人之道，是指做人的道理或法则。自然界的一切，宇宙万物都是实实在在的，真实的，没有虚假；真实是宇宙万物存在的基础，所以说“诚”是天之道。天人合一，人道本于天道。追求真实应该是做人的根本要求。

智慧 老实人的好处

一天晚上，城里的一个老实人开着车在乡间公路上奔驰。突然，汽车撞上了一头黑暗中跑出的野猪，野猪当场死了。

这个老实人不认识野猪，以为这是乡下人养的猪。他向四周看了看，发现不远处有一座透着灯光的农舍，他走上去，敲开了农舍的门，非常抱歉地向农夫解释了刚才发生的一切。

“我感到非常抱歉，我撞死了您的猪，不过我会赔偿您损失的。”

农夫感到很意外，因为他没有养猪，他疑惑地看着这个老实人：“你撞死了我的猪？”

然而老实人却以为他在生气。

这个农夫立刻就明白这个老实人误会了，不过他也想发一笔意外之财。

农夫："当然是我养的猪！我养的这头猪本来还可以再长大一些的，结果却被你撞死了，你得赔我300美元！"

老实人："我开车把您的猪撞死了，我有责任；您养了猪没把它关好，您也有责任；猪不往别的地方跑却往公路上跑，猪也有责任；我们三方应各承担三分之一的责任，我应该赔偿您100美元比较合理。您说呢？况且，车子的右前部也有损伤。"

两天以后，保险公司的两个事务员来农舍查证此事。"两天前的晚上，是否有人在公路上开车行驶时把你家的猪撞死了？"

"千真万确！他还赔偿了我们100美元呢！"农夫说。

"那这场交通事故是真的？"

"当然是真的！"

"你可以在证明书上签上你的名字吗？"

"当然可以！"

农夫在证明书上签上了他的名字。

保险公司的事务员要走了，农夫好奇地问："你们打算赔偿他多少钱？"

"1万美元。"

人而无仪，不死何为。

相鼠有皮，人而无仪。人而无仪，不死何为！相鼠有齿，人而无止。人而无止，不死何俟！相鼠有体，人而无礼。人而无礼，胡不遄死！

——《诗经·相鼠》

今知

由此可见，礼仪在古代人的心中占据着十分重要的位置甚至比生命更为重要。所以，你不必长很漂亮或者很帅气，只要你是个有礼仪的孩子，你就是世界最美的！

智慧 不修边幅的小乔

小乔和小李是同一天来到这家著名广告公司应聘美编的。单从两个人的作品上看，技术水准不相上下。小乔在思路方面略胜一筹，因为她在广州有过3年的工作经验，两个人一起参加试用，最后只能留下一个。

小乔上班时间从来都是一身T恤短裤，光脚踩一双凉拖。不管是在工作台前画图，还是在电脑前操作，只要活干得顺手，一高兴起来准把鞋踢飞。刚开始，同事们还把她的鞋藏起来，和她开玩笑，后来发现她根本不在乎，光着脚也到处乱跑。相反小李是第一次工作，多少有点拘谨，穿着也像她的为人一样雅致，带着少许灵气，她从来不通过怪发型、亮眼妆来标榜自己是搞艺术的，只是在小饰物上展示出不同于一般女孩的审美观点来，说话温文尔雅，很可爱。

结果，试用期才进行了两个月，小乔背包走人了。临走的时候，老板对小乔说："你的才气和个性都不能成为你搅扰别人心情的原因，也许你更适合一个人在家里成立工作室，但要在大公司里与人相处，该修边幅还得修。"

同声相应，同气相求。

同声相应，同气相求。水流湿，火就燥。

——《易·乾》

今知

同样的声音能产生共鸣，同样的气味会相互融合，即同类的事物相互感应。引申为志趣、意见相投的人自然容易走到一起成为好朋友。

智慧 周恩来与邓颖超

周恩来与邓颖超相识于“五四”运动。当时，从日本留学归国的周恩来，在天津学生界已很有名气；而在北洋直隶第一女子师范学校读书的邓颖超，是“女界爱国同志会”的讲演队长。有趣的是，周恩来喜欢演话剧，而男生的学校没有女生，所以他就扮演女生；而邓颖超所在的学校没有男生，她穿长袍马褂、戴一顶礼帽，扮演男新闻记者。周恩来还指导邓颖超她们演话剧。不过邓颖超一直相信那时的周恩来把她看成小妹妹——那一年，她只有15岁。

一年后，周恩来赴法留学，邓颖超则到北京师大附小当了教员，两人鸿雁往来。邓颖超知道周恩来当时有一个女朋友，所以从来不曾想过，有一天他们会成为毕生的革命伴侣。1923年，邓颖超突然收到周恩来从法国寄来的一张明信片，在这张印有李卜克内西和卢森堡画像的明信片上，周恩来写道："希望我们两个人将来，也像他们两个人一样，一同上断头台。"

邓颖超在怀念周恩来的文章中说，即便两人在通信中明确了恋爱关系后，"我们的通信，还是以革命的活动、彼此的学习、革命的道理、今后的事业为主要内容，找不出我爱你、你爱我的字眼"。

不敬他人，是自不敬也。

今知

人与人相处，贵在相互尊重。你想别人怎么对待你，首先要自己先做到怎么对待他人。所以不敬重别人，是对自己心灵的一种贬低，实际上就是不敬重自己。

智慧 要懂得尊重每一个人

一天下午，一位穿得很时髦的中年女人带着一个小男孩走进美国著名企业“亚联集团”总部大厦楼下的花园，他们坐在一张长椅上，女人不停地在跟男孩说着什么，一脸生气的模样。

不远处有一位白发苍苍的老人正在打扫垃圾。小男孩终于不能忍受女人的大声责骂，伤心地哭起来。

女人从随身挎包里揪出一团白花花的卫生纸，为男孩擦干眼泪，随手把纸丢在地上。老人什么话也没有说，走过来捡起那团纸扔进一旁的垃圾筒内。

过了一会儿，女人又把擦眼泪的纸扔在地上。老人再次走过来把那团纸捡走，然后回到原处继续工作……就这样，女人最后扔了六七团纸，老人也不厌其烦地捡了六七次。

女人十分生气，正要理论时，发现有一名男子匆匆走过来，恭恭敬敬地站在老人面前。

老人对男子说："我现在提议免去这位女士在'亚联集团'的职务！"

"是，我立刻按您的指示去办！"那人连声应道。

老人说完后径直朝小男孩走去，温和地对他说："人不光要懂得好好学习，更重要的是要懂得尊重每一个人。"说完后，就朝大厦走去。

中年女人由生气变成了吃惊，他认识这个男子，他是亚联集团所有分公司的总监。

"你……你怎么会对一个清洁工毕恭毕敬呢？"她惊奇地问道。

男子用同情的眼光对女人说道："他不是什么清洁工，而是亚联集团的总裁。"

中年女人一下子瘫坐在长椅上。

投我以桃，报之以李。

——《诗经·大雅》

今知

每个人都要互相帮助，在互相帮助中生活、学习。一枝独秀，看不出春天的美；只有百花齐放，才有一个万紫千红的世界。

智慧 隔壁的邻居

“怎么了，鲍勃？”他妈妈问，“你为什么那么不高兴？”

“没人跟我玩。”鲍勃说，“我真希望我们还是住在盐湖城没有搬来，我在那儿有朋友。”

“在这儿，你很快会交上朋友的。”他妈妈说，“等着瞧吧！”就在这时，响起了轻轻的敲门声。米勒太太打开门。门口站着一位红发妇女。“你好，”她说，“我是凯里太太，住在隔

壁。”

“进来吧，”米勒太太说，“我和鲍勃都很高兴你来。”

“我来借两个鸡蛋，”凯里太太说，“我想烤个蛋糕。”

“我可以借给你，”米勒太太说，“别着急，请坐一坐，我们喝点咖啡，说会儿话吧。”

那天下午，又有人敲门。米勒太太打开门。门外站着一个满头红发的男孩。

“我叫汤姆·凯里。”他说，“我妈妈送你这个蛋糕，还有这两个鸡蛋。”

“哎呀，谢谢，汤姆。”米勒太太说，“进来吧，和鲍勃认识认识。”

汤姆和鲍勃差不多一样的年龄，不一会儿，他们成为了好朋友。鲍勃说：“我很高兴你妈妈需要两个鸡蛋。”汤姆笑了。“她并不是真的需要鸡蛋，”汤姆说，“她只是想跟你妈妈交朋友！”

三军可夺帅也，匹夫不可夺志也。

——《论语·子罕》

今知

大军可能丧失主帅，但一个人不能丢失志向。

智慧 真诚的总统

第十六届美国总统亚伯拉罕·林肯出生在一个鞋匠家庭，而当时的美国社会非常看重门第。林肯竞选总统前夕，在参议院演说时，遭到了一个参议员的羞辱。那位参议员说："林肯先生，在你开始演讲之前，我希望你记住你是一个鞋匠的儿子。""我非常感谢你使我想起我的父亲，他已经过世了，我一定会永远记住你的忠告，我知道我做总统无法像我父亲做鞋匠做得那么好。"

参议院陷入一阵沉默里，林肯转头对那个傲慢的参议员说："就我所知，我的父亲以前也为你的家人做鞋子，如果你的鞋子不合脚，我可以帮你改正它，虽然我不是伟大的鞋匠，但我从小就跟随父亲学到了做鞋子的技术。"

然后，他又对所有的参议员说："对参议院的任何人都一样，如果你们穿的那双鞋是我父亲做的，而它们需要修理或改善，我一定尽可能帮忙。但是有一件事是可以肯定的，我无法像他那么伟大，他的手艺是无人能比的。"说到这里，林肯流下了眼泪，所有的嘲笑都化成了真诚的掌声。后来，林肯如愿以偿地当上了美国总统。

水至清则无鱼，人至察则无徒。

——班固《汉书》

今知

水太清了，鱼就无法生存；要求别人太严格了，就没有伙伴。所以我们不要对人或物要求太高，不要用至纯至洁来要求朋友。人生原本就丰富多彩：好与坏，真与假、美与丑……要学会包容，学会理解，人生才会博大精深。

智慧 完美本是毒

在日本的一家动物园，有位饲养员特别爱干净，对动物也特别有爱心，每天都把小动物住的小屋打扫得干干净净。

结果呢，那些小动物一点也不领他的情，在干净舒适的环境里，动物们开动慢慢委靡不振了，有的厌食消瘦，有的生病拒食，有的甚至死了。

原因是什么？

后来，通过观察才发现，那些动物都有自己的生活习性，有的喜欢闻混浊的膻气，有的看到自己的粪便反而感到安全，等等。

谢尔·西尔弗斯坦在《丢失的那块儿》里讲过这样一个故事：一个圆环被切掉了一块，圆环想使自己重新完整起来，于是就到处去寻找丢失的那块儿。

可是由于它不完整，因此滚得很慢，它欣赏路边的花儿，它

与虫儿聊天，它享受阳光。它发现了许多不同的小块儿，可没有一块适合它。于是它继续寻找着。

终于有一天，圆环找到了非常适合的小块，它高兴极了，将那小块装上，然后就滚了起来，它终于成为完美的圆环了。

它能够滚得很快，以致无暇欣赏花儿或和虫儿聊天。当它发现飞快地滚动使得它的世界再也不像以前那样时，它停住了，把那一小块又放回到路边，缓慢地向前滚去。

人生确有许多不完美之处，每个人都会有各式各样的缺陷。

其实，没有缺憾我们便无法去衡量完美。仔细想想，缺憾其实不也是一种完美吗？

哲人说："完美本是毒。"因为这个世界本来就不是完美的，过去不是、现在不是、将来也不是，它本来就是以缺陷的形式呈现给我们的。

人如果事事追求完美，那无疑是自讨苦吃。

言必信，行必果。

言必信，行必果，硁硁然小人哉！

——《论语·子路》

今知

信：守信用；果：果断，坚决。这句话告诫我们：一个人要言行一致。说了就要去做，做就要做出结果。只说不做是不讲信用，做一半就放弃是缺乏诚信，这两项都是没有素质的表现。

智慧 信誉的保证

1835年，摩根先生成为一名叫“伊特纳火灾”的小保险公司的股东。因为这家公司不用马上拿现金出来，只需要在股东名册上签上名字就可以成为股东。这符合摩根先生没有现金但能获益的设想。

很快，有一家在伊特纳火灾保险公司投保的客户发生了火灾。如果按照规定完全付清赔偿金，保险公司就会破产。股东们一个个惊慌失措，纷纷要求退股。

摩根先生斟酌再三，认为公司的信用比金钱更重要，他四处筹款并卖掉了自己的住房，低价收购了所有要求退股股东的股票，然后将赔偿金如数地付给了投保的客户。

这件事后，伊特纳火灾保险公司成了信誉的保证。

已经身无分文的摩根先生成为保险公司的所有者，但保险公司已经濒临破产。无奈之中，他打出广告，凡是再到伊特纳火灾保险公司投保的客户，保险金一律加倍收取。不料，客户很快蜂拥而来。原来在许多人的心目中，伊特纳火灾保险公司是最讲信誉的保险公司，这一点使它比有名的大保险公司更受欢迎。伊特纳火灾保险公司从此崛起。

过而能改，善莫大焉。

人非圣贤孰能无过，过而能改，善莫大焉。

——《左传》

今知

世上没有十全十美的人，谁能不犯点错误呢？每个人都会有犯错误的时候，即使再优秀的人，亦是如此。而一个人最弥足珍贵的品质就是知错能改。这样，方能日益进步，更上一层楼。

智慧 迟来的道歉

多年前当约翰逊还是纽约城一家教堂的牧师时，有一次有幸遇到了杰出的音乐家、亚特兰大交响乐团的指挥家罗伯特·肖。肖建议以教堂的唱诗班为主组织一个合唱团，他愿意来给当指挥，定让它成名。他的建议触发了约翰逊的灵感，约翰逊以为年轻的教徒们肯定会满怀喜悦地欢迎这个建议。他想象着小合唱团

在著名音乐家指导下定能轰动纽约城，不禁心花怒放。于是他当即与肖签订合同并请他放心，自己有能力使合唱团尽早成立。

不幸的是，当他把这个消息在唱诗班公布时，一些人包括几名唱诗班的老成员都不赞成，这些典型的因循守旧者认为合唱团与“神圣的”教堂唱诗班相距甚远。这会让他们丢面子。

他们毫不掩饰地让约翰逊知道，他们反对他的意见。约翰逊拗不过他们，只好编造一些原因对罗伯特·肖说：“现在教堂里太忙，过些日子一定把合唱团组织好，那时再请你来。”肖很失望，但他还说能理解约翰逊。当然，约翰逊后来再也不会去请肖。

几乎半个世纪过去了，这件事一直在约翰逊心头厮磨着，使其没有勇气再与罗伯特·肖联系。但是，良知却一直提醒约翰逊：曾经犯过一个错误，至今没有纠正。

一个星期后，在忐忑不安中约翰逊写了一封信给罗伯特·肖，告诉曾撒过的谎，并且向他道歉。这位伟大的音乐家几乎是一收到信就给约翰逊回了一封信，他感谢约翰逊“诚恳、坦率”，并且声称他一样有错，因为他的建议使约翰逊为难，等等。

从此，约翰逊心头的一块重石落地，原来即使是这么多年后，一句道歉也不嫌太晚。

得道多助，失道寡助。

得道者多助，失道者寡助。寡助之至，亲戚畔之；多助之至，天下顺之。

——《孟子·公孙丑下》

今知

这句话的意思是合乎正义者就能得到多方面的支持与帮助，违背正义的就会陷入孤立无援的境地。帮助的人少到极点时，就连亲戚都会反对他；帮助的人多到极点时，全天下的人都会顺从他。也就是说，你善于帮助别人，爱护朋友，那么大家也都会以同样的态度来帮助呵护你。

智慧 一杯牛奶

凯利小的时候家里很穷，为了攒够自己上学的学费，就去挨家挨户地借。

当凯利来到下一户人家的时候，开门的是一位年轻美丽的女子。

这位女子看到凯利很饥饿的样子，十分同情，就送他一大杯牛奶喝。他慢慢地喝完牛奶，问道：“我应该付多少钱？”

年轻女子回答：“一分钱也不用付。因为妈妈从小就教导我，要对所有的人都充满关爱，做力所能及的事，并不图回报。”

凯利说：“那么，就请接受我由衷的感谢吧。”说完凯利离开了这户人家。

走出门来，他感到自己浑身充满了力量。他是想退学的，但他现在改变了主意。

数年之后，那位年轻美丽的女子得了一种十分罕见的疾病。

如今，那个小凯利已是一位大名鼎鼎的医生了。当看到病历上所写的病人的经历时，他很佩服这位患者，面对难以忍受的痛苦，常人早就放弃了，而她从未放弃过希望。一个奇怪的念头霎时闪过他的脑际，他马上向病房奔去，来到病房，他一眼就认出在床上躺着的病人就是恩人。

回到办公室，凯利暗暗下了决心："我一定要竭尽所能治好恩人的病！"

从那天起，他就特别关照这个病人。经过努力，手术成功了。但却花去了巨额的医疗费用，他毅然在高额的医药费通知单上面签下了自己的名字。

当医药费通知单送到这位特殊的病人手中时，她不敢看，因为她确信治病的费用将会花去她的全部家当。最后，她还是鼓起勇气，翻开了医药费通知单，旁边写着一行小字："医药费是一杯牛奶。"

君子坦荡荡，小人长戚戚。

子曰："君子坦荡荡，小人长戚戚。"

——《论语·述而》

今知

孔子认为：作为君子，应当有宽广的胸怀，可以容忍别人，容纳各种事情，不计个人利害得失。心胸狭窄，与人为难、与己为难，时常忧愁，局促不安，就不可能成为君子。

同学们，你长大了要做光明磊落，不忧不惧，心胸宽广坦荡的君子呢？还是患得患失，忙于算计，又经常陷于忧惧之中的人呢？我想答案不言自明吧！

智慧 从文第一次上课

1928年，沈从文时年26岁，学历只是小学文化，闯入十里洋场时间不长，即以一手灵气飘逸的散文而震惊文坛。接着，他被当时中国公学的校长胡适聘为该校讲师。

第一次登台授课的日子终于来临了。沈从文既兴奋，又紧张。当时，沈从文在文坛上已初露头角，在社会上也已小有名气。因此，来听课的学生极多。今天又是第一堂课，还有一些并不听课，只是慕名而来，以求一睹尊容的学生，所以教室里早已挤得满满的了。

他站在讲台上，抬眼望去，只见黑压压一片人头，心里陡然一惊，那期待的目光，正以自己为焦点汇聚，形成一股强大而灼热的力量，将他要说的第一句话堵在嗓子眼里。同时，脑子里

"嗡"的一声炸裂，原先想好的话语一下子都飞迸开去，留下的只是一片空白。上课前，他自以为成竹在胸，既未带教案，也没带任何教材。这样一来，他感到仿佛浮游在虚空中，失去了任何可供攀援的依凭。

一分钟过去了，他未能发出声来；五分钟过去了，他仍然不知从何说起。众目睽睽之下，他竟呆呆地站了近十分钟！后来终于开始讲课了，而原先准备好的要讲授一个课时的内容，10分钟就讲完了，离下课时间还早呢！他没有天南海北地瞎侃，而是老老实实拿起粉笔在黑板上写道：

"今天是我第一次上课，人很多，我害怕了。"

这一举动引得全堂爆发出一阵善意的欢笑。胡适评价这次讲课时，对沈从文的坦率，表示欣赏。沈从文能够坦然地面对失败，体现出一种大家风范。

富贵不能淫，贫贱不能移，威武不能屈。

——《孟子·滕文公下》

今知

富贵不能使我放纵享乐，贫贱不能使我改变志向，威武不能使我卑躬屈膝。我们每个人都有自己的骨气，决不向任何困难低头，要做到折不弯、顶得住、吓不倒，这才是大英雄气概。

智慧 汽车属于谁

在第二次世界大战前，有这样一个家庭，父亲是个普通的职员，整天在一个犹如囚笼般的办公室里工作，并且还要把一半的工资用来接济比他们更穷的亲戚。

母亲常常安慰家里人说：“一个人有骨气，就等于有了一大笔财富；在生活中怀着一线希望，就等于有了一大笔的精神财富。”

有一天，他们买彩票中了奖，奖品是一辆崭新的汽车。父亲开着车缓缓驶过拥挤的人群，但却并不高兴。

儿子不解，于是跑去问母亲，母亲却似乎非常理解父亲，安慰他说：“你父亲正在思考一个道德问题，我们等着他找到适当的答案。”

“难道我们因为中彩而得到汽车是不道德的吗？”儿子迷惑不解的问。

“汽车根本不属于我们，这就是问题的关键。”母亲回答说。

儿子歇斯底里地大叫：“汽车怎么可能会不属于我们呢？都已经宣布我们中彩了。”

“过来，孩子。你看到两张彩票有什么不同吗？“母亲问。

原来这辆汽车归爸爸公司的老板吉米，当初是他让爸爸代替自己买了一张彩票。

“汽车应该归爸爸，”儿子激动地说。儿子的理由很简单：吉米是个百万富翁，拥有十几辆汽车，他不会计较这辆车。

第二天，爸爸给吉米打电话，把这辆汽车还给了吉米。

儿子直到成年之后，才有了一辆汽车，随着时间的流逝，母亲的那句话“一个人有骨气，就等于有了一大笔财富”一直烙印在他心头。

回顾以往的岁月，儿子终于明白，父亲打电话的时候，是他们家最富的时刻。

大道之行也，天下为公。

——《礼记》

今知

在大道施行的时候，所有一切是人们所共有的。大家万物同享，没有自私自利。因为分享，人与人之间的隔阂渐渐消失；因为分享，他们收获了双倍的幸福。让我们懂得分享，让我们试着分享！

智慧 谁是真正的钓鱼高手

两个钓鱼高手相约到鱼塘垂钓，他们均是垂钓的高手，隔不了多久的工夫，皆大有收获。

这时，鱼塘边上来了十多名游客，他们看到这两位高手轻轻松松就把鱼钓上来了，不免感到几分羡慕，于是都到附近去买了一些钓竿来试试自己的运气如何。没想到，不擅此道的游客，钓了半天仍是一无所获。

那两位钓鱼高手，其中一人孤僻、不爱搭理别人，单享独钓之乐；而另一位高手，却是个热心、豪放、爱交朋友的人。

爱交朋友的这位高手，看到游客钓不到鱼，就说："这样吧！我来教你们钓鱼，如果你们学会了我传授的诀窍而钓到鱼，每十尾就分给我一尾，不满十尾就不必给我。"双方一拍即合，欣然同意。教完这一群人，他又到另一群人中，同样也传授钓鱼术，依然要求每钓十尾回馈给他一尾。

一天来，这位热心助人的钓鱼高手，把所有时间都用于指导垂钓者，获得的竟是满满一大篓鱼，还认识了一大群新朋友。而同来的另一位钓鱼高手，却没享受到这种服务于人的乐趣。他闷钓一整天，检视竹篓里的鱼，收获也远没有同伴的多。

趣味哲理

道亦道，非常道

你喜欢枯燥单调的长篇大论吗？不喜欢！你喜欢言简意赅，却又耐人寻味，给人启迪的哲理名言吗？喜欢！是的，相信大部分同学面对这两者都会这样选择。在本篇，我们就把最有意思、闪烁着哲理之光的至理名言展现给大家，也许你一时还不太明白它们的意思，也许你明白了但不够深刻，那就再揣摩一下后面的故事。你会发现，这里的每个字、每一句话都不同凡响，都足以作为我们人生旅途的风向标。

Ultraman

淘乐斯变身公仔

生于忧患，死于安乐。

人恒过，然后能改；困于心，衡于虑，而后作；征于色，发于声，而后喻。入则无法家拂士，出则无敌国外患者，国恒亡。然后知生于忧患而死于安乐也。

——《孟子·告子下》

今知

忧患使人生存，安逸享乐却足以使人败亡。因此有句俗语叫“穷人的孩子早当家”。现在社会条件好了，父母能提供给孩子的物质条件越来越优越，但孩子们在享受这些的同时，不要忘了明天，要有忧患意识，将来有一天父母老了，一切都还是要靠你自己。

智慧 童年高尔基

高尔基小时候吃过很多苦，他说过：“假如有人向我提议说：‘你去读书吧！不过每到星期天，为了你去读书，我们要用棍棒打你一顿！’我想我会接受的。”

高尔基曾到一个绘图师家里当仆人，从早到晚又忙又累。他向裁缝太太和穷苦人借来一些书籍，但只能在一天的沉重劳动之后深夜苦读。

有一次，高尔基因看书入了迷，不慎把茶炊烧熔了。那老主妇知道了，恶狠狠地用一根刺棒将高尔基毒打了一顿。

在医院里，医生从他背上钳出了四十多枚刺。这种残忍的行为把医生也激怒了，医生说这是私刑，叫高尔基去法院控告。高尔基却说，控告不控告倒无所谓，我唯一的要求就是允许我读书就行了。

后来，高尔基又转到一家面包厂工作。他一边揉面团，一边读书。

有一次，厂主突然闯进来，一眼就看见高尔基正在看书。厂主一把将书抢过来要抛进火炉中去，高尔基急得一下跳了起来，他猛然抓住厂主的胳膊，愤怒地喊着："你敢烧掉那本书？！"厂主被盛怒的高尔基震慑了，只好把书还给了他。

高尔基几经辗转，又到了一个卖廉价货物的小铺子里做生意。他住在阁楼上面，深夜可以读书。

一天夜里，小铺子着了火，高尔基跑去抢救装书的小箱子，差一点被烧死在火里。

正是在这样艰难困苦的条件下，高尔基阅读了大量的书籍，获得了文学、哲学和自然科学等方面的广博知识，激发了他的聪明才智，为他后来的文学创作打下了坚实的基础。

管中窥豹，时见一斑。

“此郎亦管中窥豹，时见一斑。”

——刘义庆《世说新语》

今知

从竹管的小孔里看豹，只看到豹身上的一块斑纹。这句话用来比喻我们只看到事物的一小部分，认识就不可能全面。生活中的许多事情我们都不能仅仅看到表面，而要通过联系、比较、分析、判断来把握好它们的实质。只有这样，你的理解才会理性而深刻。

智慧 养鸡人与传教士

有位养鸡场的主人，向来讨厌传教士，因为他觉得大多数传教士口上讲一套，实际做的又是另一套。为了“替天行道”，养鸡场的主人有事没事，专喜欢信口散布传教士的坏话。

一天，有两个传教士上门，说要买两只鸡。

生意上门，主人强忍着心头的不快，让其去挑选。这两个传教士在偌大的养鸡场中挑了半天，却挑中了一只毛掉得差不多、丑陋至极的跛脚公鸡。

主人有点奇怪，问他们为什么不挑最好的。

传教士回答说：“我们想把这只鸡买回去养在修道院里，告诉大家这是你的养鸡场里养出来的鸡，为你做些宣传。”

主人一听急了，连忙说：“不行，不行，你们看这养鸡场里，哪一只不是漂漂亮亮、肥肥胖胖的，你们拿这只鸡去当代表，让大家以为我养的鸡全是这样，对我实在太不公平了。”

另一位传教士笑嘻嘻地说：“对呀！少数几个传教士行为不检点，你却以他们为代表，这对我们来说，也同样太不公平了吧！”

养鸡场主人这才明白过来。

塞翁失马，焉知非福。

其父曰：“此何遽不为福乎？”居数月，其马将胡骏马而归。人皆贺之。……故福之为祸，祸之为福，化不可极，深不可测也。

——《淮南子·人间训》

今知

靠近边塞的老人无意中丢失了马，这难道不是好事儿吗？比喻一时虽然受到损失，也许反而因此能得到好处。也指坏事在一定条件下可变为好事。告诉我们：只要一直保持乐观向上的好心态，不好的一面，是有可能向好的一面进行转化。比如这次你成绩考得不好，只要你吸取教训，加倍努力，就能学到更多的知识。

智慧 放弃是一种获得

从前，一个想发财的人得到了一张藏宝图，上面标明了在密林深处的一连串宝藏。他经过千辛万苦终于找到了第一个宝藏，满屋的金币熠熠夺目。他急忙掏出袋子，把所有的金币装进了口袋。离开这一宝藏时，他看到了门上的一行字："知足常乐，适可而止。"

他笑了笑，心想，有谁会丢下这闪光的金币呢？于是，他没留下一枚金币，扛着大袋子来到了第二个宝藏，出现在眼前的是成堆的金条。他见状，兴奋得不得了，依旧把所有的金条放进了袋子，当他拿起最后一条时，上面刻着："放弃了下一个屋子中的宝物，你会得到更宝贵的东西。"

他看了这一行字后，更迫不及待地走进了第三个宝藏，里面有一块磐石般大小的钻石。

他发红的眼睛中泛着亮光，贪婪的双手抬起了这块钻石，放

入了袋子中。

他发现，这块钻石下面有一扇小门，心想，下面一定有更多的东西。

于是，他毫不迟疑地打开门，跳了下去，谁知，等着他的不是金银财宝，而是一片流沙。

他在流沙中不停地挣扎着，可是越挣扎他陷得越深，最终与金币、金条和钻石一起长埋在了流沙下。

如果这个人能在看了警示后能主动放弃，那么他就会平安地返回，成为一个真正的富翁了。

失去，也是另一种形式的获得。失去了鲜花，获得了果实；失去了果实，获得了种子；失去了种子，获得了幼苗，也获得了一个生机勃勃的春天。

尺有所短，寸有所长。

夫尺有所短，寸有所长，物有所不足。智有所不明，数有所不逮，神有所不通。

——屈原《卜居》

今知

尺虽比寸长，但和更长的东西相比，就显得短，寸虽比尺短，但和更短的东西相比，就显得长；事物总有它的不足之处，智者也有不明智的时候。人或事物各有长处和短处，不应求全责备，而应扬长避短。

智慧 "矮子"罗慕洛

曾长期担任菲律宾外长的罗慕洛身材矮小，他也曾为自己个子低矮而难过。他甚至穿过高跟鞋，但这种方式却令他心里不舒服。他感到那是在掩耳盗铃，于是便把高跟鞋彻底扔掉。

1935年，罗慕洛应邀到圣母大学接受荣誉学位，并且发表演讲。同一天，高大的罗斯福也是演讲人之一。事后，罗斯福含笑对罗慕洛说：“你抢了美国总统的风头。”

1945年，联合国创立会议在旧金山举行。罗慕洛以无足轻重的菲律宾代表团团长身份，应邀发表演说。讲台几乎和他同样高。等大家都安静下来后，罗慕洛庄严地说：“我们就把这个会场当做最后的战场吧。”这时，全场陷入了静默，接着爆发出一阵热烈的掌声。

最后，他以“维护尊严、言辞和思想比枪炮更有力量……唯一牢不可破的防线是互助互谅的防线”结束了这次演讲。全场掌声久久不息。

事后，他分析说："如果是高个子讲这些话，听众可能礼貌地鼓一下掌，但菲律宾那时离独立还有一年，自己又是矮子，由我来说，就会收到意想不到的效果。"

就从那时起，小小的菲律宾国家就开始在联合国中被各国当做很有资格的国家了。也正是从那时起，罗慕洛认识到了矮个子比高个子更有着某方面的天赋。

无论你存在哪种缺陷，无论你是否完美，请不要看不上自己，记住：尺有所短，寸有所长！

仁者见之谓之仁，知者见之谓之知。

——《周易·系辞上》

今知

比喻对同一个问题，不同的人从不同的立场或角度有不同的看法。世上没有两片完全相同的树叶，所以也不需要苛求朋友看待事物的观点与你保持一致。有些事本没有是非对错，最聪明的人会尊重大家的意见，同时坚持独有的观点。

智慧 谁是谁非

在一面光滑的墙壁上，一只蚂蚁在艰难地往上爬。爬到一大半，忽然滚落下来，这是它第七次失败。然而过了一会儿，它又沿着墙角，一步步往上爬了……

第一个人注视着这只蚂蚁，禁不住说："一只小小的蚂蚁，这样执著顽强，真是百折不挠啊！

“我现在遭到一点挫折，能气馁退缩吗？”他觉得自己应该振奋起来，来勇敢地面对他在生活中的那些困难。

第二个人注视着这只蚂蚁，也禁不住说：“可怜的蚂蚁，只要稍微改变一下方位，它就能很容易爬上去；可是，它就是不肯看一看，想一想……唉，可悲的蚂蚁！

“我正在做的那件事，一再地失利，我该学得聪明一点，不能再蛮干一气了——我是个人，是个有头脑的人。”

果然，他变得理智了，他果断地放弃了原先错误的决定，走上了新的道路。

第三个人也一直观察着这只蚂蚁，他听到这两个人的话，就去问智者："观察同一只蚂蚁，为什么他们两人的见解和判断会截然相反，他们得到的启示也迥然而异。

"可敬的智者，请您说说在他们中间，哪一个对，哪一个错呢？"智者回答："两个都对。"

问者感到更困惑了："怎么可以都对呢？对蚂蚁的行为，一个是褒扬，一个是贬抑，对立是如此的鲜明，您是不愿还是不敢分辨是非呢？"

智者笑了笑，回答："太阳在白天放射光明，月亮在夜晚投洒光辉，它们是'相反'的，你能不能告诉我，太阳和月亮究竟谁是谁非？"

从不同的角度看问题，当然就会产生不同的想法。

差之毫厘，谬以千里。

《易》曰：君子慎始，差若毫厘，谬以千里。

——《礼记·经解》

今知

开始稍微差一点，结果会造成很大的错误。在我们的学习生活中很容易出现这种情况，如考试时因为一点点过错，导致失分。世上没有后悔药，我们只能在平时养成细心的好习惯，才不会造成后悔莫及的情况。

智慧《一枚铁钉与一个国家》

国王查理三世准备拼死一战了。战斗进行的当天早上，理查派了一个马夫去备好自己最喜欢的战马。

“快点给它钉掌，”马夫对铁匠说，“国王希望骑着它打头阵。”

“你得等等，”铁匠回答，“我前几天给国王全军的马都钉了掌，现在我得找点儿铁片来。”

“我等不及了。”马夫不耐烦地叫道，“国王的敌人正在推进，我们必须在战场上迎击敌兵，有什么你就用什么吧。”

铁匠埋头干活。钉了三个掌后，他发现没有钉子来钉第四个掌了。

“我需要一两个钉子，”他说，“得需要点儿时间砸出两个。”

“我告诉过你我等不及了，”马夫急切地说，“我听见军号了，你能不能凑合？”

“我能把马掌钉上，但是不能像其他几个那么牢实。”

“好吧，就这样，”马夫叫道，“快点，要不然国王会怪罪

到咱们俩头上的。”

两军交上了锋，理查国王冲锋陷阵。他还没走到一半，一只马掌掉了，战马跌翻在地，理查也被掀在地上。

查理国王还没有再抓住缰绳，惊恐的畜牧就跳起来逃走了。理查环顾四周，他的士兵们纷纷转身撤退，敌人的军队包围了上来。

他在空中挥舞宝剑，“马！”他喊道，“一匹马，我的国家倾覆就因为这一匹马。”

他没有马骑了，他的军队已经分崩离析，士兵们自顾不暇。不一会儿，敌军俘获了理查，战斗结束了。

居安思危，有备无患。

——《左传》

今知

生活安宁时要考虑危险的到来，考虑到了这一点就要为危险而做准备，事先有了准备，等到事发时就不会造成悲剧了。无论在什么时候，无论是什么人，都应该保持一定的危机意识，对周围环境的变化保持清醒察觉。只有做到未雨绸缪、居安思危，才能在真正危机到来时，临危不乱、迎刃而解。

智慧 磨牙的野狼

森林里一片祥和的气氛。鸟儿在飞，鱼儿自由自在地游泳，连勤奋的猎人和猎狗因为过节的缘故而窝在家里庆祝。动物们大都洋洋自得，享受这难得的安宁和静谧。

动物们决定娱乐一下，庆祝这难得的清闲，狐狸自告奋勇，担任组织工作，召集大家准备庆祝的晚会。

一只野狼卧在草上勤奋地磨牙，狐狸看到了，就对它说：天气这么好，大家在休息娱乐，你也加入我们队伍中吧！野狼没有说话，继续磨牙，把它的牙齿磨得又尖又利。狐狸奇怪地问道：森林这么静，猎人和猎狗已经回家了，老虎也不在近处徘徊，又没有任何危险，你何必那么用劲磨牙呢？野狼停下来回答说：我磨牙并不是为了娱乐，你想想，如果有一天我被猎人或老虎追逐，到那时，我想磨牙也来不及了，而平时我就把牙磨好，到那时就可以保护自己了。

做事应该未雨绸缪，居安思危。这样在危险突然降临时，才不至于手忙脚乱。

天将降大任于是人也，必先苦其心志，劳其筋骨，饿其体肤，空乏其身，行拂乱其所为。

——《孟子》

今知

上天将要把重大的任务交给这个人，必然会让他经历一系列的苦难。大家一定要懂得：苦难是财富，是上苍给予我们的最好的礼物。但这“财富”，并非人人都乐意接受，也并非人人都能珍惜。没有经过苦难的人，感悟不出生命的厚重，当人生将要谢幕时，也许他们才会明白没有经历过苦难的人生原来是如此的苍白。

智慧 坚持不懈的史泰龙

有一位穷困潦倒的年轻人，身上全部的钱加起来也不够买一件像样的西服。但他仍全心全意地坚持着自己心中的梦想，他想做演员，当电影明星。好莱坞当时共有500家电影公司，他根据自己仔细划定的路线与排列好的名单顺序，带着为自己量身定做的剧本前去拜访。但第一遍拜访下来，所有的500家电影公司没有一家愿意聘用他。

面对无情的拒绝，他没有灰心，从最后一家被拒绝的电影公司出来之后不久，他就又从第一家开始了他的第二轮拜访与自我推荐。第二轮拜访也以失败而告终。第三轮的拜访结果仍与第二轮相同。但这位年轻人没有放弃，不久后又咬牙开始了他的第四轮拜访。

当拜访第350家电影公司时，这里的老板竟答应让他留下剧本先看一看。他欣喜若狂。几天后，他获得通知，请他前去详细商谈。就在这次商谈中，这家公司决定投资开拍这部电影，并请他担任自己所写剧本中的男主角。

不久这部电影问世了，名叫《洛奇》。这是好莱坞动作巨星史泰龙的传奇经历。

天时不如地利，地利不如人和。

——《孟子·公孙丑下》

今知

有利于作战的天气和时令不如有利于作战的地理条件，有利于作战的地理条件不如作战中的人心所向、内部团结。团结就是力量。我们应该依靠众人的强大力量，发挥大家的聪明才智，一定能渡过难关，获得成功。

智慧 记住五万个名字

美国邮电部部长、国家民主委员会主席吉姆·法利没有上过中学，可是他却取得了如此高的成就。他曾经坦言：他之所以能获得成功，就在于他能记住五万人的姓名。数字很夸张，却是真实的。

在吉姆·法利担任石膏康采恩董事长和公司的秘书时，他给自己规定必须记住与自己打交道的每一个人的名字。非常简单，无论跟谁认识，他都要弄清这人的全名，询问有关他的家庭、职业和他的政治观点。法利把所有这些情况都装在脑子里；当下次再遇到这个人时，哪怕过了一年，他也能拍着这个人的肩膀，问他的家庭和孩子的情况。因此，他能取得辉煌的成绩，就一点也不奇怪了。

他帮助罗斯福参加竞选，竞选前几个月，他一天内写几百封信发往西部和西北各州。他又在20天时间里，到过20个州，乘马车、搭火车和汽车，一共走了两千英里。他不断地会见选民，同他们促膝谈心。

吉姆·法利早就确信，每一个人都特别对自己的名字感兴趣，其感兴趣的程度胜过对世上所有人名字的总和。如果你能记住选民的名字，这就意味着你能成为国务活动家；忘记选民的名字，这就意味着你将成为被遗忘的人。

千里之堤，溃于蚁穴。

——《韩非子·喻老》

今知

比喻小事不注意会酿成大祸或造成严重的损失。小事儿，容易被人们所忽视，但它的作用是不可估量的。什么是不简单？把每一件简单的小事做好就是不简单；什么是遗憾终生？就是在细小的人生转弯处错失良机。

智慧 小事不小

小王去一家公司应聘营销经理的职位，年薪8万。他一路闯关，从99位应聘者中杀出，终获总裁召见。

那一天，小王飘飘然地走进总裁办公室。总裁不在，只有一位年轻漂亮的女秘书洋溢着一脸职业性的微笑，对他说：“先生，您好，总裁不在，总裁让您给他打个电话。”

小王掏出手机，拨了一串号码。但就在这时，他看见办公桌上有两部电话，就问那小姐："我可以用用吗？"

"可以。"女秘书依然微笑着。

小王拿起电话，终于跟总裁联系上了。总裁在那端兴奋地说："小王啊，我看了你的简历，打听了你的答辩情况，的确很优秀，欢迎你加盟本公司。"

小王高兴得心花怒放，第一个反应就是要将这个好消息与他的女友分享。半个月前，女友出差去了国外。小王刚拨了手机，却又迟疑了：这可是国际长途啊！这时，他又看了看那两部电话，忽然想到：我都快是公司的人了，他们是大公司，不会在乎

一点儿电话费吧？于是它便拿起电话：“喂，米妮吗？告诉你一个好消息，总裁已经……”

恰在这时，另一部电话响起。

“先生，您的电话。”女秘书送了他一个诡秘的笑。

“对不起，先生，刚才我的话宣布作废。通过DVP监控，你没能闯过最后一关，实在抱歉……”总裁在电话里温和地对他说。

“为什么？”小王呆呆地问。

女秘书惋惜地摇摇头，叹道：“唉，许多人和您一样，都忽略了一个微小的细节。在没有成为公司正式员工之前，明明身上有手机，干吗不用手机呢？”

临渊羡鱼，不如退而结网。

故汉得天下以来，常欲治而至今不可善治者，失之于当更化而不更化也。古人有言曰："临渊羡鱼，不如退而结网。"

——《史记·汉书·董仲舒传》

今知

与其空空羡慕，不如动手去干。想法并不是成就人生的决定因素，行动才是。

智慧 改变环境，唯有行动

有一个人极不满意自己的工作。一次，他忿忿地对朋友说："我的上司一点也不把我放在眼里，改日我要对他拍桌子，然后辞职不干！""你对那家贸易公司完全弄清楚了吗？对于他们做国际贸易的窍门完全搞通了吗？"朋友反问道。"没有！"朋友接着说道："古人说'君子报仇十年不晚'。我建议你还是好好地把他们的一切贸易技巧、商业文书和公司组织完全搞通，甚至连怎样修理影印机的小故障都学会，然后辞职不干。”

那人觉得朋友的“建议”有道理，就决定把公司当做免费学习的场所，等所有的东西都学懂弄通了之后，再一走了之，为此不是既出了气，又有许多收获吗？自此，他默记偷学，甚至下班之后，还留在办公室里研习写商业文书的方法。一晃一年过去，一天，那人和朋友又见面了。朋友问：“你现在大概把公司的一切都学会了，可以准备拍桌子不干了吧？”然而，那人却红着脸说：“可是我发现近半年来，老板对我刮目相看，最近更总是委以重任，又升官，又加薪，我已经成为公司的红人了！”

行百里者半九十。

诗云："行百里者半九十。"此言末路之难也。

——刘向《战国策》

今知

走一百里路，走了九十里才算是一半。比喻做事愈接近成功愈困难，愈要认真对待。常用以勉励人做事要善始善终。许多人做事往往在一开始时，凭一股冲力做了一阵，然后就渐渐觉得厌倦，再遭遇一点困难和外力的干扰，就会兴趣减弱，信心消失，最后结果可能是不了了之。所以做事要有始有终，说来容易，做起来真的需要坚定意志。

智慧 自己冲的甜咖啡

一位年轻人毕业后被分配到一个海上油田钻井队。

在海上工作的第一天，带班的班长要求他在限定的时间内登上几十米高的钻井架，把一个包装好的漂亮盒子送到最顶层的主管手里。

他拿着盒子快步登上了高高的狭窄的舷梯，气喘吁吁、满头是汗地登上顶层，把盒子交给主管。主管却只在上面签下自己的名字，就让他送回去。

他又快跑下舷梯，把盒子交给班长，班长也同样在上面签下自己的名字，让他再送给主管。

他看了看班长，犹豫一下，又转身登上舷梯。当他第二次登上顶层把盒子交给主管时，已浑身是汗，两腿发颤了。

主管却和上次一样，在盒子上签下自己的名字，让他把盒子

再送回去。他擦擦脸上的汗水，转身走向舷梯，把盒子送下来，班长签完字，让他再送上去。

当他上到最顶层时，浑身上下都湿透了，他第三次把盒子递给主管，主管看着他，傲慢地说：“把盒子打开。”

他撕开外面的包装纸，打开盒子，里面是两个玻璃杯，一罐咖啡，一罐咖啡伴侣。他愤怒地抬起头，双眼喷着怒火，射向主管。

主管又对他说：“把咖啡冲上。”年轻人再也忍不住了，“叭”地一下把盒子扔在地上：“我不干了！”

这时，这位傲慢的主管站起身来，直视他说：“年轻人，刚才让你做的这些，叫做承受极限训练，因为我们在海上作业，随时会遇到危险，这就要求队员身上一定要有极强的承受能力，承受各种危险的考验，才能完成海上作业任务。可惜，前面三次你都通过了，只差最后一点点，你没有喝到自己冲的甜咖啡。现在，你可以走了。”

人无远虑，必有近忧。

子曰："人无远虑，必有近忧。"

——《论语·卫灵公》

今知

人如果没有长远的谋划，就会有即将到来的忧患。所谓人无远虑必有近忧，这就是因果循环，今日因成他日果，今天不为他日打算，他日成今日时必然有许多忧虑，不容我们不作努力。

智慧 忙碌的蚂蚁

秋天一到，勤劳的蚂蚁就忙起来了。它爬到这儿，爬到那儿，到处去找过冬的粮食。蟋蟀看见蚂蚁忙来忙去，便说："蚂蚁弟弟，你怎么那么傻？天气这么好，为啥不玩一玩？成天忙忙碌碌，有什么意思呢？"

蚂蚁说："冬天快到了，我在准备过冬的粮食，你也该早点准备呀！"

蟋蟀想：对蚂蚁这种只懂干活，不会享乐的傻瓜，用不着再多说废话了。于是，它又蹦蹦跳跳地玩去了。

凉爽的时光过去了，严寒的冬天来到了。蚂蚁住在暖和的屋子里，过着有吃有喝的生活。蟋蟀呢，家里没存下一点吃的。

这天，蟋蟀饿得实在太难受了。它勉强走到蚂蚁家里，有气无力地对蚂蚁说："蚂蚁弟弟，借给我一点儿粮食吧！我的日子实在没法过了。"蚂蚁看着蟋蟀的可怜相，心里很同情，但它觉得应当让蟋蟀吸取一点教训，于是说："你现在才知道日子难过了，当初为什么不听我的劝告呢？"蟋蟀羞得说不出一句话来。

图书在版编目(CIP)数据

穿越时空的碰撞 / 曹外香主编. —天津：天津科学技术出版社，2012.3（2019.6重印）

ISBN 978-7-5308-6881-2

Ⅰ.①穿… Ⅱ.①曹… Ⅲ.①格言-世界-青年读物②格言-世界-少年读物Ⅳ.①H033-49

中国版本图书馆CIP数据核字（2012）第046109号

穿越时空的碰撞
CHUANYUE SHIKONG DE PENGZHUANG

责任编辑：郑　新
出　　版：天津出版传媒集团 / 天津科学技术出版社
地　　址：天津市西康路35号
邮　　编：300051
电　　话：（022）23332674
网　　址：www.tjkjcbs.com.cn
发　　行：新华书店经销
印　　刷：三河市燕春印务有限公司

开本 700×1000mm 1/16　　印张 9　　字数 150 000

2019 年 6 月第 1 版第 3 次印刷

定价:29.80 元